때를 아는 세탁

때를 아는 세탁

조용미(땡스맘) 지음

epikhē

목차

2부 — 계절별 세탁법

1장 봄·가을

2장 여름

3장 겨울

3부 — 가방, 신발, 액세서리 세탁법

1장 가방

4부 — 오염에 맞는 세탁 공식

(1장) 오염 세탁 기본 공식

(2장) 음식물 오염

(3장) 학용품 오염

5부 — 알아 두면 더 좋은 노하우

땡스맘님!
인스타를 왜 시작하셨어요?

가끔 난 라방(라이브 방송)을 한다. 다른 인플루언서들은 라방에서 공동 구매 제품을 설명하기도 하지만 난 그저 시시껄렁한 흔하디 흔한, 사는 이야기를 많이 한다. 난 〈인플루언서〉라는 단어가 부담스럽고 어색하다. 단지 팔로워가 몇 만 명이 되었다고 붙는 것도 아니고 왠지 사회에 큰 영향력을 끼쳐야 할 것 같은 책임감과 부담감이 느껴져서 스스로 이 단어를 절대 쓰지 않는다. 핸드폰을 바라보면서 2시간, 길게는 3시간 동안 대본도 없이 떠드는 게 쉽지만은 않다. 세탁을 알려 주거나 사는 이야기를 많이 하며 대화를 나누다 보면 내가 오히려 팔로워들에게 힘을 얻는다. 쉼 없이 올라가는 댓글을 캐치해 아이디를 부르고 댓글에 답을 한다. 그렇게 라방을 하던 중 어느 인친[1]이 묻는다.

땡스맘님! 인스타그램을 왜 시작하셨어요?

내가 인스타그램을 시작한 건 2023년 1월이다. 처음부터 흔하게 올리는 아이 사진이나 먹거리, 여행 사진을 올린 게 아니다. 2년 전 나는 절박했다. 오랜 기간 디자이너로 일하면서 사업하는 남편을 만나 지극히 평범하면서 여유 있는 삶을 살았다.

하지만 안 좋은 일은 한 번에 밀려오고 높이 올라갈수록 떨어지는 속도도 무서울 만큼 빨랐다. 내가 떨어지고 나니 안 보이던 것들이 보였다. 멀쩡한 집을 팔아야 했고 통장 잔고와 억대의 주식과 보험이 사라지기 시작했다. 미래가 두려웠다. 갓 아홉 살이 된 딸아이 앞에서 어떻게 설명해야 할지 난감했다. 뭐라도 얘기해야 했기에 이

---

1 〈인스타그램 친구〉의 줄임말로 인스타그램이라는 소셜 미디어 플랫폼에서 서로를 팔로우하고 소통하는 사람들을 가르키는 신조어.

16

때 우크라이나 전쟁이 막 일어났을 때라 난 아이에게 이렇게 말했다.

「소율아, 지금 외국에서 전쟁이 나서 우리 모두 긴축을 해야 해. 뭐든 아껴야 해!」

아이는 철썩같이 믿었고 영화, 뮤지컬 관람, 쇼핑은커녕 방학마다 다니던 제주 한 달 살이나 외국 여행도 못하고 집에만 있어야 했다. 하물며 아이 과학 학원과 피아노 학원도 끊었다. 일자리도 알아보고 매일매일 온라인 구인란에 들어갔다. 가지고 있는 돈이 없진 않았지만 그 돈으로 앞으로 살기엔 턱 없이 모자랐다. 내가 도와주던 사람들, 내 돈을 보고 좋아했던 사람까지 등을 돌리는 걸 보고 더 힘들었다. 실제로 등을 돌린 건지… 내가 그렇게 느낀 건지… 자존감까지 바닥을 쳤다. 아이와 아이스크림 매장에 가서 아이스크림을 하나만 사고 세 식구가 칼국수 집에 가서 2인분만 시키는 일이 생겼다. 사실 그 정도로 돈이 없었던 건 아닌데 사람이 위축되니 그렇게 되더라. 불면증까지 왔다. 밤마다 여기저기 무언가를 인터넷으로 찾기 시작했다.

그때 인스타그램이 눈에 들어왔다. 뭔지는 모르

겠지만 일단 사진과 영상을 찍고 말도 안 되는 콘텐츠를 올렸다. 2주 만에 한 영상이 일명 〈떡상²〉이 되었다. 지금은 계정의 통일성 때문에 삭제했지만, 싱크대 상판을 베이비오일로 닦는 영상이었다. 그 짜릿함과 쾌감은 아직도 잊지 못한다. 난 좀 더 잘하고 싶었다. 사람들이 좋아요를 누르고 조회수가 올라가고 댓글을 달고 날 팔로우하기 시작했다. 영상을 찍고 텍스트를 넣고 음악을 깔고 편집하는 일은 너무나 재미있었다. 3개월 만에 팔로워가 1,500명이 되었고 6개월 만에 7,000명이 되었다. 그땐 두리뭉실한 살림 계정이라 청소, 세탁, 요리 콘텐츠를 다 올렸다. 하지만 이런 콘텐츠는 너무 많아 내가 아무리 잘해도 사람들은 날 기억하지 못하겠구나 생각이 들어 2023년 7월부터는 세탁에 관한 콘텐츠만 올리기 시작했다.

난 18년 동안 의류 디자이너였다. 많은 원단, 샘플, 제품에 내 20대와 30대를 보냈다. 사실 그전부터 우리 아버지는 섬유 회사에 오랫동안 근무하셨고 동대문종합시장에 원사(원단을 짜기 위

2 어떤 수치나 가치가 급격하게 오르는 일.

한 실)를 취급하는 매장도 운영하셨다. 어릴 때부터 흔하게 스와치[3]와 원사 샘플을 만지고 놀기도 했다. 우리 아버지는 엄마가 옷을 사오면 항상 옷을 뒤집어 보는 게 버릇이셨다. 품질 라벨을 확인하시고 혼용률을 보시고 때론 시접을 조금 잘라 태우거나 손으로 비비기도 하셨다. 내가 그걸 보고 자라서 그런가 나도 원단을 만지면서 20년 가까이 일을 했다.

지금은 나처럼 계정을 운영하는 사람이(일명 인스타그래머) 더 늘어났지만 2년 전에도 포화 상태라고 말할 정도로 계정이 수없이 많았다. 그중에 나를 알리려면 내가 좋아하는 것과 내가 잘하는 것을 같이 해야 한다는 걸 깨닫고 난 내가 디자이너로 일했던 경험으로 일명 인스타그램에서 〈세탁소 아줌마〉가 되기 시작했다. 난 아줌마란 말이 너무 좋다. 오래 일을 해서 그런지 전업주부도 좋았고 아줌마란 말도 너무 좋았다. 실제로 내가 세탁소를 운영하는 줄 아는 분도 꽤 많다.

---

3 원단의 소재, 색상, 질감 등을 보여주기 위해 일정한 크기로 잘라 모아 놓은 더미.

언제든지 디엠으로 세탁법을 물어 보세요.

이런 영상을 업로드하고 디엠(DM, 다이렉트 메시지)으로 세탁 문의를 받기 시작했다. 이때 예상과 달리 주부보다 어린 자취생과 혼자 사는 남성들에게 폭발적으로 디엠이 오기 시작했다. 밥은 돈 주고 사 먹기라도 하지만 세탁은 어디서 배운 적 없고 누가 가르쳐 준 적 없어도 내가 꼭 해야 하는 살림이다.

난 1972년생이다. 주로 디엠은 1990년대생들이 많이 보낸다. 요즘은 2003년생도 있다. 딸 같은 나이의 어린 자취생들이 힘들게 돈을 모아 산 옷을 세탁을 못해 쩔쩔매는 디엠을 받으면 어떻게 지나치겠는가. 처음엔 몇십 개로 시작해서 하루 1,300개가 훌쩍 넘는 디엠이 쏟아졌다. 만약에 디엠 한 건 당 얼마! 돈으로 계산이 되었으면 난 더 힘들었을 거다. 하지만 디엠을 하는 순간 난 가르쳐 줘야겠다는 책임감과 사명감까지 생겼다. 이걸 오지랖이라고도 하지.

디엠으로 세탁을 알려 주다가 아예 세탁물을 받기 시작했다. 이 또한 내 급한 성질머리로 시작되었다. 아무리 설명해도 못 알아듣고 비비라고 하면 어떻게 비벼야 하는지조차 모르는 어린 친구들이 많았다. 바로 비비는 영상을 찍어서 보내주다가 내 성질에 못 이겨 〈그냥 나에게 보내!〉라고 해버렸다. (실제로 디엠에서는 옆집 언니처럼 반말을 많이 쓴다.) 그렇게 세탁물을 받아 고민을 해결해준 다음 다시 보내 줬다. 이 과정을 영상으로 찍고 콘텐츠를 올리기 시작했다.

이게 사람들의 공감을 얻기 시작했다. 조회수와 영상 저장 수, 팔로워가 모두 빠르게 늘어났다. 내 계정에 하루 4~5천 명이 들어왔고 2023년 1월에 시작해 그해 12월에 팔로워 수가 3만 명이 되었는데 2024년도 1년 동안 21만 명이 더 팔로우해 지금은 24만 명이 되었다. 상암 월드컵 경기장 관객석이 6만 명이니 월드컵 경기장 4개가 꽉꽉 차야 24만 명! 정말 놀랍고 기적 같은 일이다.

팔로워 3만 명이 된 2023년 12월부터 쿠팡 파트너스를 시작했고 10만 명이 된 2024년 2월에 공동 구매를 시작했고 한 달에 두 번씩 메타에서 돈이 들어온다. 2024년 7월엔 공동 구매 제품이

1분 30초 만에 8천 개가 팔렸고 네이버 스마트 스토어 결제 대기자가 1,500명을 넘어섰다. 지금은 법인 회사를 만들어 많은 세금을 낸다. 게다가 내 히스토리를 코엑스에서 300~400명을 대상으로 강의까지 하게 되었다. 도움을 요청하는 기관에 세제를 보내드리며 주변을 다시 챙기려고 한다. 그리고 책을 쓰게 되었다.

이 책을 쓰게 된 이유는 내 자랑도 아니고 잠시 힘들었던 시기의 무용담도 아니다. 그저 처음 세탁물 디엠을 나눈 1997년생 인친이 〈언니, 아르바이트 끝나고 집에 가면 11시인데 그때 사진 보내도 될까요?〉라고 보낸 디엠으로 시작되었다. 적어도 이런 인친 한 명이라도 언제든지 쉽게 찾아 볼 수 있고, 엄마가 가르쳐 주지 않아도 이 책 한 권만 있으면 잔소리 들을 일도 없는 책을 남기고 싶었다. 실제로 엄마한테 물으면 싸울까 봐 물어보지 않는다는 분들이 많다. 모르는 화학 용어만 잔뜩 있는 그런 책 말고 쉽게 이해할 수 있는 그런 세탁법 책 말이다.

점점 살기 힘들어지는 시대에 대학만 보고, 직장 하나만 보고, 남편만 보고, 자식만 보고, 좁아질

대로 좁아진 시야를 가진 분께 또는 지금 이 시간도 낙담을 하고 있는 분께 내 경험이 작은 용기와 도전의 불씨가 되길 바란다.

내 나이가 만으로 50 하고도 또 몇 년이 지났다. (농담이 아니라 50이 넘으니 헷갈린다.) 항상 행복하기만 했던 것도, 항상 불행하기만 했던 것도 아니다. 주식이나 달러 차트처럼 고점과 저점이 내 삶에도 있었다. 고점이 있으면 당연 하락이 있고 저점이 있으면 반등도 있다. 긴 시간 삶이 어려운 분들이 내 이야기를 들으면 콧방귀를 뀌겠지만 난 2년 전 정말 힘들었다. 아마 아이가 없었으면 나쁜 생각도 했을지도 모른다. 그런데 내 스스로가 〈난 정말, 꽤 괜찮은 사람이야〉라고 생각할 수 있는 건 어려움에 빠졌어도 남편과 단 한 번도 싸우거나 언성을 높이지 않았다는 거다. 덕분에 아이는 아직도 그때 잠깐 우리가 우크라이나 전쟁의 어려움에 동참 중이었던 걸로 알고 있다. 주변을 보면 돈 때문에 부부가 싸우는 일이 많다. 서로 힐난하게 헐뜯고 혼자만의 고민과 생각의 늪에 빠지는 사람이 있다. 인생도 고점과 저점을 넘나든다. 내 인생도 이게 끝인가 낙담하다가 곧 올라갈 일만 생기기도 하고 최고점이다 생각해도 바로 뚝! 떨어질 일이 생기기도 한다.

1년 반 전, 아는 동생이 너무 힘들다고 연락이 왔다. 난 위로를 했다, 내 방식으로. 그리고 이렇게 말했다. 〈앞으로 지금보다 더 힘들어질 수 있어! 그런데 그때마다 이럴래?〉 그 동생은 후에 자기한테 그렇게 말한 사람은 없었다고 했다. 〈넌 잘 될 거야! 힘내!! 금방 일어날 거야!!!〉 이런 위로는 하지 않는다. 〈앞으로 더 힘들어질 수 있어!〉 독설 같지만 그게 내 방식이다. 힘들어도 지금이 끝이 아니다. 그 힘듦이 내일엔 더 소중하게 다가올 것이고 또는 지금 힘든 걸로 내일 더 힘듦을 이겨낼 수 있을 거다.

남들보다 빨리 성장할 수 있었던 비결은 뭘까? 내가 2023년 1월 인스타를 처음 시작할 때부터 〈난 한 달에 몇 명을 모을 거야〉, 〈난 빨리 공동 구매를 해서 돈을 모을 거야〉 이런 생각을 했다면 아직도 그럭저럭 별거 아닌 콘텐츠 쓰레기를 업로드하고 있었을 거다. 2년 동안 콘텐츠를 하루도 쉬지 않고 올린다. 매일 20~30개의 스토리를 올리고 일주일에 3~4개의 피드와 2~3개의 영상을 올린다. 몇 달 전만 해도 매일 영상으로 올렸지만 지금은 인스타그램 CEO 아담 모세리의 조언으로 영상의 질을 높이기 위해 간격을 두고 올리고 있다. 여전히 하루 수백 개의 디엠에 일일이 답변을 하고 있다. 하루 꽤 많은 시간을 디엠 답변으로 보내는데 그러면 옆에서 톰(남편의 애칭)이 자꾸 물으며 궁금해 한다.

「왜 자꾸 웃어? 뭔데, 뭐가 그렇게 재미가 있어? 왜 혼자만 웃어?」

난 소통하는 게 너무 재미있다. 디엠을 읽다 보면 나도 모르게 입꼬리가 올라가고 혼잣말을 한다. 생각해 보라. 누군가 퇴직을 생각하고 있을 나이에 난 24만 명과 대화를 나누고 있다. 매일 찾아오는 친구가 적게는 몇 백 명, 많게는 수만 명이다. 식당이나 공원, 마트, 백화점에서 또는 외국 여행 중 곧잘 알아보는 분들이 계시다. 이 또한 얼마나 놀라운 일인가. 나를 만나려고 기차 타고 손에 선물을 들고 오신다. 이 또한 얼마나 흥분되는 일인가.

나는 22살 어린 시동생이 있고 41살 어린 딸이 있다. 가끔 대화를 해보면 둘의 공통점은 하고 싶은 게 없다는 거다. 잘하는 게 뭔지 모른다. 실제로 시동생은 28살까지 자기가 뭘 잘하는지, 뭘 하고 싶은지 알지 못하다가 29살이 되어서야 찾았다. 지금은 자기만의 밥벌이를 재미있게 하고 있다.

「뭘 좋아하는지 뭘 하고 싶은지 몰라요.」

가끔 어린 친구들과 이야기 나누면 이렇게 대답한다. 정말 안타까운 일이다. 내 고등학교 생활기록부엔 3년 내내 디자이너라고 쓰여 있다. 실제 디자이너로 18년간 일했고 그리고 그걸 발판삼아 지금 세탁 계정을 운영하고 있다. 아직도 여전히 영상을 만드는 게 너무 재미있고 소통을 하는 게 즐겁다. 적어도 내 딸은 돈부터 따지지 말고 쉬는 날만 손꼽지 말고 좋아하고 잘하는 일을 미치도록 했으면 좋겠다.

미치면…
돈도 따른다!

〈때를 아는 세탁〉 활용법

1부 — 세탁 살림 도구

모든 옷에 한 가지 세제를 사용할 수 없는 법! 세탁을 제대로 하기 위해 다양한 세제와 여러 가지 세탁 도구를 하나씩 쉽게 알려 드려요. 필수템 다섯 가지와 추천템 네 가지도 따로 뽑았으니 필요한 세탁 살림만 쉽고 똑똑하게 구매해 보세요.

2부 — 계절별 세탁법

계절에 따라 자주 꺼내 입는 옷의 세탁법과 보관법을 정리했어요. 봄·가을, 여름, 겨울 계절이 변할 때마다 필요한 부분만 펼쳐서 읽어 보기 좋고 〈4장 사계절〉에는 티셔츠, 속옷, 양말 등 일 년 내내 입는 옷의 세탁법을 알려 드리니 꼭 읽어 보세요.

3부 — 가방, 신발, 액세서리 세탁법

나일론 백, 캔버스 백, 운동화, 야구 모자 등 일상 생활에서 자주 사용하는 액세서리 세탁 방법을 알 수 있어요.

세탁하다가 이염 사고가 나지 않도록 주의 사항을 꼼꼼히 읽어 주세요.

4부 — 오염에 맞는 세탁 공식

이제 옷에 오염이 생겼을 때 당황하지 말고 집에서 세탁하세요. 음식물 오염, 학용품 오염, 생활 오염 별로 얼룩 제거 방법을 정리해 두어 그때 그때 필요한 부분을 펼쳐 보고 단계별로 세탁하기 좋아요.

5부 — 알아 두면 더 좋은 노하우

옷을 더 깨끗하고 오래 입을 수 있도록 옷을 살 때부터 보관할 때까지 기억하면 좋은 노하우를 알려 드려요. 그 밖에 이불, 베개 등 살림살이 세탁법도 있으니 꼭 한번 읽어 보세요.

아무도 알려 주지 않는 인스타그램 수익화 비법

땡스맘이 어떻게 2년 만에 인스타그램 팔로워 24만 명을 모으고 수익화했는지 그 비법을 단계별로 쉽게 이야기합니다.
인스타그램 수익화에 관심이 있거나 계정이 정체되어 있는 분들에게 도움이 될 거예요.

* QR코드를 인식하면 영상을 볼 수 있어요.
영상으로 세탁법을 알고 싶다면 페이지 하단 QR코드를 인식해 보세요. 해당 세탁법을 알려 주는 인스타그램 릴스로 연결되어 땡스맘의 목소리로 설명을 들을 수 있어요.

1부

세탁 살림 도구

세제

혹시 지금 사용하고 있는 세제의 종류가 뭔지, 적정 사용량은 얼마인지 알고 계시나요? 섬유 소재와 옷의 컬러에 따라 사용하는 세제가 달라요. 한 가지 세제로 속옷, 면 티셔츠, 니트, 스키복, 요가복, 패딩, 이불 등을 모두 세탁할 수는 없겠죠? 그동안 헷갈렸던 세제의 종류를 제대로 알아보고 세제 구매부터 세탁까지 똑 부러지게 하자고요.

① 이건 꼭 사자! 세탁 필수템 5가지

약알칼리성 세제

중성세제
Mild Detergent

섬유유연제
Fabric Softner

표백제
O²POWER

얼룩 제거제
Stain Remover

33

세제 얼마나
알고 계세요?

pH 농도

1	**산성 세제(pH6 이하)**
2	예 **구연산(pH2~3)**
	알칼리성 오염물(물때, 냄새),
3	과일 얼룩 제거에 효과적.
	주로 화장실에서 사용.
4	
5	
6	
7	**중성세제(pH6~8)**
	예 **베이킹소다(pH7~8)**
8	섬유 손상을 최소화, 옷감 보호.
	니트, 실크, 울, 속옷 등 보호해야 하는 의류.
9	**알칼리성 세제(pH8 이상, pH 9.5가 적당)**
	예 **과탄산소다(pH10~11)**
10	가장 흔한 세제.
	강력한 세정력, 지방과 단백질을 녹이고
	기름때나 찌든 때에 효과적.
11	면, 마, 합성섬유, 주방 기름때.

약알칼리성 세제

약알칼리성 세제는 지방과 단백질(땀 얼룩)을 녹여 세척력이 뛰어나요. 땀, 피지 등 몸에서 나오는 오염 제거에 가장 효과적이죠. 대신 옷감이 손상될 수 있어요. 면, 마, 합성섬유에 다양하게 쓰이고 특히 면 티셔츠, 와이셔츠 등 이염 염려가 없는 흰색 옷에 사용하면 좋아요. 컬러가 있는 옷이나 울, 실크 같은 동물성 섬유에는 사용하지 마세요. 산도 pH 10~11가 가장 효과적이고 세제로는 pH 9~9.5가 가장 적당해요. pH 11이 넘는 세제는 사용하지 마세요. 제대로 헹구지 않으면 컬러가 빠지고 뻣뻣해지며 흰 원단은 누렇게 변해요. 그래서 충분히 헹궈야 하고 섬유유연제로 중화시키면 섬유 손상을 줄일 수 있어요.

✔ **주의!** 검은색 옷에 사용하면 색이 빠질 수 있고 울이나 실크에 사용하면 옷이 뻣뻣해질 수 있어요. 가죽에도 사용 금지!
✔ **집에 약알칼리성 세제밖에 없는데 섬세한 세탁을 해야 한다면?**
약알칼리성 세제를 사용량의 1/2로 줄여 사용해 보세요.

약알칼리성 세제를
중성세제로 만드는 방법

중성세제

가장 많이 사용하는 세제로 울, 실크, 동물성 섬유도 사용해요. 약알칼리성 세제보다 세척력이 떨어져 애벌 빨래가 필요할 수 있어요. 대신 자극이 덜해서 수축, 탈색, 이염, 얼룩이 생길 가능성이 적답니다. 청바지, 검은색 티셔츠, 기모 티셔츠 등 흰색이 아닌 다양한 옷을 세탁할 때 사용하면 좋아요. 특히 요즘엔 한 번만 입고 세탁하는 경우가 많다 보니 옷감 보호가 중요해요. 세탁을 자주 한다면 꼭 중성세제를 사용하세요. 간혹 중성세제가 세척력이 약한 것처럼 느껴질 수 있어요. 그럴 땐 효소가 들어간 제품이나 얼룩 제거제, 표백제 등 보조 제품을 같이 사용하면 세척력이 향상되어요.

✓ 품질 라벨에 손세탁, 물세탁 표시가 있다면 무조건 중성세제를 사용하세요.

✓ 효소 세제란 오염을 분해시키는 효소를 첨가해서 세척 능력을 더욱 향상시킨 세제예요.

Q. 중성세제와 울 전용 세제가
같은 건가요?

No.

울 전용 세제는 중성세제가 맞지만 중성세제는 울 전용 세제가 아니에요. 울 전용 세제는 중성 세제에 동물성 섬유를 보호해 주는 에멀션(실리콘, 라놀린 같은 기름 성분)을 더한 세제거든요. 동물성 섬유를 일반 세제로 세탁하면 단백질과 지방까지 다 빠져 옷감이 손상되기 때문에 린스 같은 역할을 해줘요. 보통 불투명하지만, 수입 제품 중 투명한 것들도 있어요. 울 전용 세제는 양모, 울 섬유, 캐시미어에 사용하고 모든 세탁물에 사용하는 건 과해요.

✓ **집에 울 전용 세제가 없다면?** 중성세제로 세탁 후 반드시 마지막 헹굼에 섬유유연제를 사용하세요.

울샴푸는 뭐고
중성세제는 뭐야?

적절한 세제 사용량은?

회사마다 농축 비율이 다르기 때문에 뒷면 제품 정보를 꼭 읽어 주세요. 참고로 세탁물 5kg은 용량 20kg 세탁기의 절반 정도가 채워졌을 때 양이에요. 과도한 세제 사용은 환경 오염뿐만 아니라 피부 건조, 아토피나 피부염을 일으킬 수 있어요. 지금 넣는 세제의 양에서 1/3을 덜어 보세요! 수건은 적정량의 절반만 넣어도 충분하답니다.

0.1초 만에 아는
세제 적정량

섬유유연제

헹굼 마지막 단계에서 섬유를 부드럽게 만들고 좋은 향을 더하는 보조제예요. 가을, 겨울철 정전기 방지에 효과적이죠. 특히 니트나 스웨터에 꼭 넣어야 옷감의 마모와 손상을 최소화할 수 있고 오염과 주름까지 예방할 수 있어요. 단, 섬유유연제가 섬유 표면을 코팅하기 때문에 수건이나 속옷에 사용하면 흡수력이 떨어질 수 있어요. 민감성, 알레르기성 피부인 분들은 꼭! 성분을 확인하세요.

사용할 때 주의 사항도 알려 드릴게요.

첫째, 세제와 섬유유연제를 같이 쓰지 마세요. 세제의 세척력이 떨어질 수 있어요. 섬유유연제는 세탁 후 마지막 단계에 사용해야 해요.

둘째, 섬유유연제 투입구에 너무 많은 양을 넣지 마세요. 세탁 시, 세제 투입구로 유연제가 흘러 들어가 배관에 찌꺼기가 남을 수 있어요.

셋째, 섬유유연제를 과하게 사용하면 섬유 안에 남아 곰팡이의 원인이 될 수 있어요. 세제와 섬유유연제 모두 적정 사용량보다 조금 덜 사용하는 게 좋아요. 세탁조에 직접 넣고 싶다면 헹굼 코스로 추가 세탁할 때 넣어 주세요.

✔ 같은 브랜드이더라도 미국, 베트남 등 제조국마다 향이 다를 수 있어요. 구매할 때 뒷면의 제조국을 꼭 확인하세요.

섬유유연제 이렇게 쓸 거면 그냥 버리세요

섬유유연제 제조국 확인하세요

표백제

표백제는 크게 산소계와 염소계로 나뉘어요. 세탁에 흔히 산소계 표백제가 가장 많이 쓰이며, 염소계 표백제로는 락스가 대표적이에요. 둘 다 실크나 가죽 등 금속 소재가 있는 의류엔 절대 사용 금지!

산소계 표백제는 밀폐 용기에 절대 담지 마세요. 보관 시 산소를 방출해서 압력으로 폭발할 위험이 있어요. 락스는 차아염소산나트륨이 들은 염소계 표백제로 표백, 살균에 강력한 효과가 있지만 희석 비율이 중요하고, 다른 세제나 뜨거운 물을 만나면 염소 가스를 배출하기 때문에 많은 주의가 필요해요. 가급적 세탁이 아닌 청소용으로 사용하는 게 좋아요. 무조건 단독 사용하고, 표백할 때는 200:1 비율로 희석해 줘요. 참고로 락스 뚜껑이 10ml예요. 반드시 창문을 열고 사용하고 피부에 닿을 때 염증이나 화상을 입을 수 있으니, 고무장갑은 필수! 뜨거운 물 사용도 금지입니다.

락스! 이렇게 쓰면
1차 세계 대전

얼룩 제거제

아이 키우는 엄마들에게 필수템인 얼룩 제거제는 많은 브랜드에서 출시하기도 했고 판매량도 세제보다 더 많아요. 다른 세제와 섞어 쓰거나 자칫 장시간 방치하면 색이 빠질 수 있으니 주의하세요. 혹시 이염이 의심되는 원단이거나 고가의 의류라면 시접 안쪽에 살짝 묻혀 먼저 테스트를 해보고 사용하세요.

② 천연 세제

천연 세제끼리는 절대 섞지 말고, 단독 사용하세요.

SODIUM PERCAR BONATE

과탄산소다

Sodium Carbonate

탄산소다

BAKING SODA

베이킹소다

Citric Acid

구연산

딱! 정해 드립니다.
천연세제 3총사
이것만 피하세요

과탄산소다 (pH 10~11)

대표적인 산소계 표백제로 물에 녹으면 뽀글뽀글 산소가 올라와 오염을 분해해 얼룩 제거에 효과적이에요. 염소계 표백제(락스)보다 안전하게 사용할 수 있다는 장점도 있어요. 하지만 표백제라 단독으로 사용하면 세탁 효과가 없으므로 세탁 세제와 함께 사용해요. 찬물보다는 따뜻한 물에서 세척력이 좋아요. 단, 물에 미리 녹이면 중화 작용이 시작되어 효과가 떨어지니 과탄산소다 가루를 세제 양의 2~3배, 많게는 종이컵 1개 분량을 넣어 물 온도 40℃ 이상으로 세탁해 주세요. 강한 표백 효과로 옷에 따라 색이 변할 수 있으니 안쪽 시접에 꼭 테스트해 보고 사용하세요. 의류뿐만 아니라 싱크대나 배수구의 이물질 제거, 주방 도구 소독은 물론 욕실 곰팡이 제거도 가능해요. 산소와 닿으면 굳어져 성능이 떨어지는데 그렇다고 밀폐 용기에 보관하면 폭발 위험성이 있어 주의 사항을 꼭 읽어 보고 환기가 잘되는 곳에 보관하세요.

✔ 표백이 강하므로 흰색 옷 세탁 시 사용해 주세요.

✔ 60℃ 이상의 물 온도에서 표백이 과할 수 있으니 어두운 옷은 가급적 사용하지 말고 베이킹소다를 사용해 주세요. 세탁용소다를 따로 사서 사용하길 가장 추천해요.

설마 과탄산소다
이렇게 쓴다고?

천연세제라며?
왜 맨손으로 하지마?

탄산소다

과탄산소다에서 과산화수소수가 빠진 세제예요.
워싱소다, 소다애쉬라고도 불리는데, 물에 녹으
면 강알칼리성으로 변해 세정력이 좋고 베이킹소
다보다 살균과 탈취 효과가 강해요. 하지만 세탁
기에 침전될 수 있기 때문에 헹굼 마지막 단계에
구연산이나 식초를 넣어 중화해 줘야 해요. 표백
효과는 없어 짙은 색의 티셔츠에 사용하면 하얗
게 바래지 않는답니다.

베이킹소다(pH 7~8)

입자가 작고 흡착력이 뛰어나 탈취에 효과적이에요. 세탁해도 빠지지 않는 불쾌한 냄새, 연기, 곰팡이, 땀 냄새는 베이킹소다에 하루 담갔다가 세탁해 보세요. 이런 옷들은 건조기보다 쨍쨍한 햇빛에 자연 건조하면 더 좋아요.

오염과 세균 제거에도 탁월해요. 중성세제와 함께 어두운 옷을 세탁할 때 사용해도 좋고, 주방, 욕실 청소에도 추천해요. 옷의 얼룩을 안전하게 지우고 싶을 때, 물과 베이킹소다를 치약 정도로 되직하게 섞어 얼룩 위에 바르고 비비거나 솔질한 뒤 잠시 방치했다가 세제를 넣고 세탁해 보세요. 한 번에 안 지워지면 2회 반복하거나 다른 얼룩 제거제를 사용해 보세요.

구연산(pH 2~3)

베이킹소다처럼 탈취가 잘 되고 녹과 물때를 잘 빼요. 강산성이라 고무장갑을 착용해야 하고, 세척력이 없어 세탁에 단독으로 사용할 순 없어요. 물과 섞어 사용할 때 희석 비율이 헷갈린다면 시중에 판매 중인 희석 제품 구연산수를 구매하는 것도 방법이에요.

약알칼리성인 과탄산소다나 베이킹소다와 함께 사용하면 중화 작용이 일어나 세척력이 떨어져요. 대신 빨래에 남아있는 세제 제거에 탁월하니 옷이 뻣뻣해지거나 냄새가 날 때 섬유유연제 대신 구연산을 사용해 보세요.

✔ 락스와 함께 사용하면 염소 가스가 발생하니 꼭 주의하세요.
✔ 지퍼의 도색이 벗겨질 수 있어요.

③ 형태별 세제

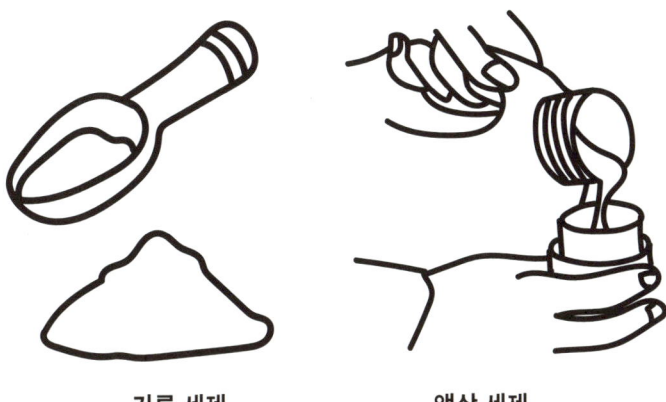

가루 세제   액상 세제

캡슐 세제

가루 세제

주로 알칼리성이고 산소계 표백제가 첨가되어 액상 세제보다 세척력이 뛰어나 흰색 면 티셔츠, 와이셔츠 등 밝은색 옷이나 황변된 옷에 효과적이에요. 하지만 컬러 옷이나 울, 실크 같은 동물성 섬유에 사용하면 색이 빠지고 뻣뻣해질 수 있어요. 물이 넉넉하지 않으면 가루가 다 녹지 않아 세탁기나 옷에 잔류할 수 있기 때문에 세탁 시 물을 많이 사용하는 통돌이 세탁기에 따뜻한 물로 세탁할 때 사용하세요. 그리고 물에 미리 녹이면 중화 작용이 생겨 표백 효과가 떨어지니 사용할 때 주의하세요.

액상 세제

액상 세제는 주로 중성세제라 표백 기능은 떨어지지만, 옷감이 덜 상해요. 물에 잘 녹아 세탁 후 잔류하지 않아 적은 물을 사용하는 드럼 세탁기에 딱 맞아요. 다만, 가루 세제보다 세척력이 약해 효소가 들어 있는 제품을 추천해요.

가루 vs 액체
뭐가 다른 거야?

캡슐 세제

필름 안에 든 세제로 잘못 사용하면 옷에 얼룩이 생겨 주의해야 해요. 세탁조에 세탁물보다 캡슐을 먼저 넣으세요. 간혹 찬물에 필름이 덜 녹을 수 있으니 세탁 온도를 높여 주세요. 만약 세탁 후 옷에 잔여물이 남아 있다면 절대 건조하지 말고, 세제 없이 다시 한번 40℃로 물세탁해 주세요. 사용 및 보관 시 젖은 손으로 만지지 말고 습도가 높은 장마철에 특히 밀봉 보관하며 직사광선을 피해 주세요. 구입할 때, 캡슐당 ml가 적은 걸 추천해요.

√ **유아 전용 세제, 과연 안전할까?** 유아 전용 세제라 하더라도 뒷면 성분을 자세히 보면 화학 계면활성제를 그대로 사용한 제품들이 있어요. 이 계면활성제가 피부 장벽을 무너뜨리고 알레르기, 비염, 천식, 아토피, 피부염 등을 유발할 수 있으니 꼼꼼히 확인해야 해요. 실내에만 있는 신생아 옷 세탁은 세제의 양을 최대한 줄이세요. 굳이 유아 전용 세제가 아니더라도 기존 세제를 1/5(20%)만큼 넣고 헹굼을 추가해도 됩니다. 이때, 얼룩은 미리 애벌빨래해요.

캡슐 세제
이럴 거면
사지 마세요

초보 맘들만 주목!
믿지 마세요, 유아 세제

④ 유용한 얼룩 제거템

백식초

에프킬라, WD-40,
타르 제거제

주방 세제

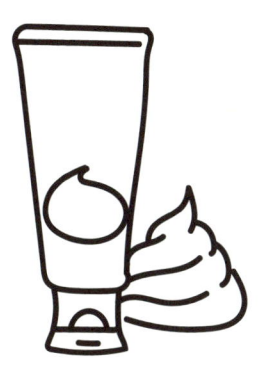

클렌징 폼

알코올(에탄올, 손 소독 젤)

백식초

알고 보면 다재다능한 백식초의 숨은 기능 알고 계셨나요? 식초 종류가 다양한데 세탁엔 무조건 백식초예요! 현미 식초, 사과 식초는 풍미를 더하기 위해 첨가물을 넣었기 때문에 마지막 헹굼 시 초산 성분은 날아가도 식초 첨가물이 옷에 남아 곰팡이의 원인이 되거나 얼룩질 수 있거든요.

① 음식 얼룩 제거

와인, 주스 등 식물성 얼룩을 잘 지워요. 주방 세제와 식초를 섞어서 얼룩 부분을 비벼 주세요. 김치나 고추장은 얼룩이 남을 수 있는데 꼭 햇빛에 말려 주세요.

② 탈취(수건 냄새, 곰팡내, 그을린 냄새)

식초의 산성이 암모니아 성분을 제거해 탈취에 효과적이에요. 미지근한 물에 식초 1~2컵을 섞은 뒤 옷을 반나절 담근 후 세탁하세요. 또는 세탁기에 식초 2컵을 넣고 물 온도 60°C로 세탁과 탈수만 한 후 다시 세제를 넣고 표준코스로 돌려요.

③ 땀 냄새

이제 딱! 정해 준다
세탁용 식초 무조건 이것!

여름에 유독 겨드랑이에 땀이 많이 난다면 옷의 겨드랑이 부분에 식초를 뿌리고 세탁해 보세요. 누렇게 변색하는 걸 방지해 줘요. 변색되었다면 오투와서와 세제에 하루 담궜다가 건져 세제를 넣고 세탁하세요.

④ 울 코트 냄새 제거

스프레이에 물과 식초를 9:1 비율로 넣고 울 코트에 뿌려 준 뒤 샤워하는 동안 욕실에 옷걸이로 걸어 두면 습기가 냄새를 빨아들여요. 냄새가 심하다면 코트를 욕실에 걸어 둔 뒤, 커피포트에 물과 식초 반 컵을 넣어 코트 아래 두고 문을 닫은 채 끓여 보세요. 울 섬유에 박힌 담배 냄새 등 외부 냄새가 잘 빠지게 도와줄 거예요.

⑤ 컬러는 선명하게, 섬유는 유연하게

마지막 헹굼 시 식초를 넣어 주면 컬러 옷이 선명하고 밝아져요. 과탄산소다로 표백한 빨래를 식초로 헹궈 주면 표백 효과도 더 좋아져요. 또한, 섬유유연제 대신 넣어 섬유를 유연하게 만들 수도 있어요. 정전기를 방지해 옷에 털도 덜 붙는답니다. 하지만 섬유유연제보다 많은 양을 넣어야 하니 세제 투입구가 아닌 세탁조에 바로 넣어 주세요.

⑥ 세탁기 및 다리미 청소

수돗물에서 나온 석회가 다리미 증기 배출구에 쌓이면 막힐 수도 있어요. 다리미 물통에 물과 식초를 1:1 비율로 넣고 다리미를 세워 스팀이 다 빠질 때까지 켜놓고 기다려 주세요. 다리미 바닥에 자국이 있을 땐 식초와 소금을 1:1로 섞어 닦아 보세요.

✓ **식초가 세제보다 낫다고?** 식초가 세탁에 효과적이지만 의외로 많은 양(최소 1~2컵 이상)을 넣어야 효과가 있다 보니 비용 대비 효율을 따지면 세제를 사용하는 게 더 나아요. 간혹 발 세정제, 샴푸 등으로 세탁하는데 ml당 가격이 비싸고 거품이 많아 세탁에 적합하지도 않아요. 그러니 여행 중 급한 상황이 아니라면 가급적 의류용 세제를 사용하세요.

에프킬라, WD-40, 타르 제거제

껌 제거에 활용하면 좋아요. 옷에 붙은 껌에 충분히 뿌려 껌을 녹인 후 제거해 주세요. 옷에 묻은 사인펜이나 잉크도 지울 수 있고요. 살충제로 얼룩을 지운 뒤 마지막에 반드시 주방 세제로 한번 더 비비고 헹궈야 세탁 후에도 얼룩지지 않아요.

주방 세제

아이를 키우는 엄마라면 음식 얼룩으로 난감할 때가 많죠? 얼룩은 최대한 빨리 지우는 게 정답이에요. 먼저 흐르는 물에 음식물을 씻어 내고 얼른 주방 세제로 비벼 주세요.

✔ 주방 세제 중에서 pH가 높아 색이 빠지는 경우도 있으니 장시간 방치하지는 마세요.
✔ 오염 부분에 바로 하지 말고 뒷면에 수돗물을 강하게 틀어 흘려 내면 2차 오염이 방지돼요.

클렌징 폼

티셔츠를 벗을 때 메이크업이 묻었다면? 화장 지우듯 클렌징 폼으로 지우세요. 얼룩에 비비고 헹군 후 세탁기에 넣어 돌리면 끝!

✓ 클렌징 오일은 오히려 얼룩이 생길 수 있으니 사용하지 마세요.

알코올(에탄올, 손 소독 젤)

페인트나 아크릴 물감도 알코올만 있다면 집에서 지울 수 있어요. 알코올을 붓고 동전으로 살살 긁어 주면 지워져요. 단, 얼룩이 희미하게 남을 수는 있어요.

✓ 스티커 자국, 껌, 매니큐어도 지울 수 있어요.

⑤ 세탁 도우미 4인방

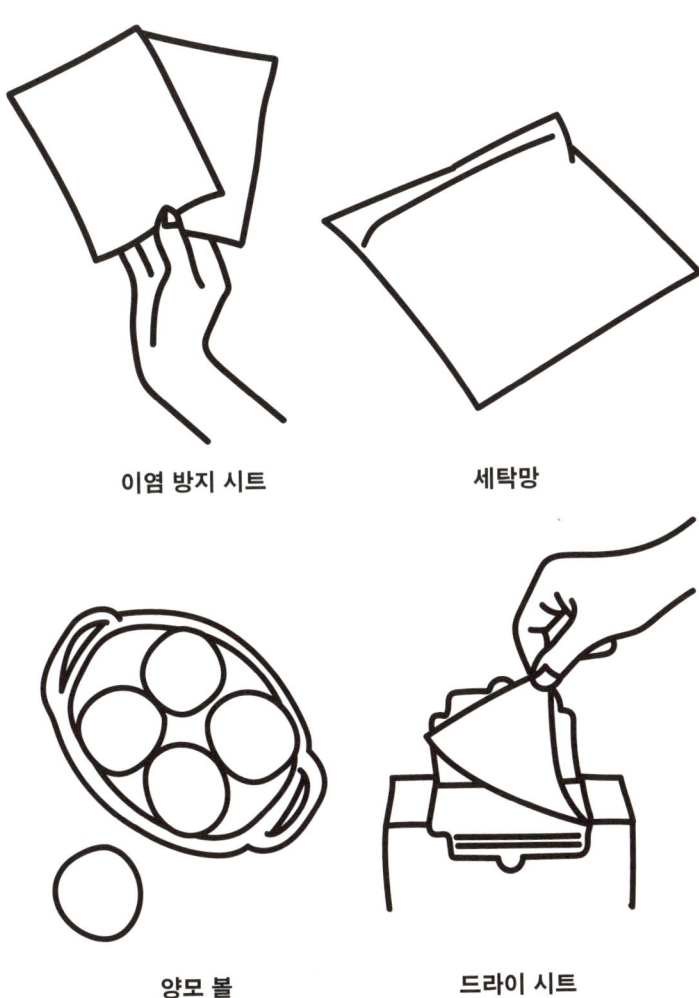

이염 방지 시트

세탁망

양모 볼

드라이 시트

이염 방지 시트

그동안 받은 세탁 문의 중 이염이 가장 많았어요. 어두운 색이나 원색 계열의 옷은 언제 색이 빠질지 모르고, 패스트 패션이 유행하면서 개발도상국에서 생산된 의류의 물 빠짐 사고도 빈번하게 발생하고 있고 그렇다고 모든 컬러를 구분해서 세탁할 순 없으니 이럴 땐 이염 방지 시트를 사용해 보세요. 이염을 예방할 뿐만 아니라 미세먼지까지 흡착해 주어 아기가 있거나 알레르기가 있는 분, 반려동물을 키우는 분은 꼭 구비하시길 바라요.

✔ 단! 흰색 옷은 이염 시트를 사용해도 꼭 흰색 옷끼리 모아서 따로 세탁하세요.
✔ 흰색+검정색, 흰색+원색의 배색 옷은 이염 확률이 아주 높으니 구입 시 꼭 주의하세요!

세탁망

섬유 표면이 손상되거나 형태가 망가질까 봐 우려된다면 세탁망을 사용해 보세요. 예를 들어, 청바지같이 거친 옷과 티셔츠처럼 부드러운 소재를 같이 세탁할 경우, 티셔츠를 세탁망에 넣어 세탁하면 청바지의 거친 원단으로부터 보호할 수 있어요. 모든 옷에 세탁망을 사용할 필요는 없어요. 오히려 뒤집어서 세탁하는 걸 추천해요.

세탁망을 사용할 땐 딱 맞는 크기를 고르세요. 세탁망이 커서 안에 공간이 남으면 세탁기가 회전할 때 옷이 한쪽으로 쏠려 세탁이 제대로 되지 않거나 옷의 형태가 망가질 수 있어요. 최대한 의류 사이즈에 맞는 크기를 사용하세요.

✔ **세탁망 사용할 때 기억할 것**

① 밝은 옷은 숭숭한 망, 어두운 옷은 촘촘한 망! 그래야 어두운 옷에 하얀 먼지가 들러붙지 않아요.

② 크기에 맞는 세탁망에 접어서 넣어요. 큰 사이즈에 넣고 세탁하면 오히려 보풀이 생겨요. 세탁망 1개에 한 벌만.

③ 세탁망 지퍼는 끝까지 잠그고 꾹 눌러 주세요. 그래야 세탁할 때 지퍼가 열리지 않아요.

④ 물에 젖으면 무거워지는 패딩이나 이불은 가급적 세탁망에

넣지 마세요. 세탁기 안에서 한쪽으로 쏠려 세탁기 축이 고장나
거나 탈수가 안 되고 헛도는 경우가 종종 있어요.

양모 볼

요즘은 건조기가 많이 보급되었죠? 저는 15년 전에 처음 건조기를 사용했어요. 그때만 해도 이게 뭐냐고 묻는 사람이 많았고, 뭘 굳이 건조기까지 쓰냐는 말을 듣기도 했어요. 요즘은 없어서는 안 되는 필수 가전 중 하나죠.

건조기를 돌릴 때 천연 양모로 만든 볼을 사용하면 세탁물 사이사이에 공간이 만들어져 공기 순환이 좋아지고 건조 시간과 빨래 엉킴이 줄어요. 또한 옷을 두드려 섬유가 좀 더 부드러워지고 주름도 덜 생기고 정전기 방지에도 도움이 돼요. 특히, 패딩을 건조할 때 양모 볼을 넣으면 필 파워와 풍성함이 빠르게 회복되니 건조기가 있다면 꼭 구비해 두세요.

드라이 시트

건조기에 세탁물과 함께 드라이 시트 1~2장을 넣으면 섬유유연제처럼 정전기를 방지하고 향도 입힐 수 있어요. 하지만 코팅된 원단은 얼룩이 생길 수 있으니 주의하세요.

✔ 얼마 전 성분 때문에 회수 조치된 드라이 시트 제품들이 있었어요. 화학 제품 안전 포털 사이트 〈초록누리〉에서 검색하면 쉽게 확인할 수 있으니 구매 전 꼭 확인해 보세요.
✔ 바람막이, 패딩, 알레르기 방지 이불 등은 얼룩질 수 있어요.

⑥ 이 세제를 추천해요

저는 오랜 기간 알레르기비염으로 병원에 다니며 양약, 한약을 먹었지만 완쾌라는 건 없었고 한 달 이상 해외나 제주에 가야 증상이 가라앉았어요. 벚꽃 피는 계절에는 몸이 먼저 알고 슬슬 눈이 가렵고 송진 가루가 휘날리기 시작하면 몸이 검게 변했고요.

제가 사는 곳은 왼쪽 인왕산, 오른쪽 북한산, 뒤 안산으로 산에 둘러싸여 있어요. 〈피할 수 없으면 즐겨라.〉

몸이 예민하니 세제도 가려 쓰게 되고, 그렇게 알게 된 제품, 내가 직접 쓰고 고른 제품을 소개하면서 공동 구매가 이루어졌어요. 일 년 전, 2천 개로 시작해서 지금은 몇십 분 만에 한 품목당 만오천 개 이상이 팔리는 세제들을 소개합니다. 저같이 오랜 기간 비염, 알레르기로 고생한 분들, 아기를 키우거나 출산을 앞둔 임산부, 환경을 생각하는 분들이라면 적극 추천합니다.

피퍼 세제

이 세제를 만든 MIT 출신 피퍼 와인만도 알레르기로 고생하다 스스로 개발과 연구를 거듭해 파인애플의 브로멜라민 성분이 세척에 뛰어나다는 걸 알게 되었고, 파인애플이 많은 태국에서 세제를 만들기 시작했어요. 파인애플 발효액에 레몬글라스나 유칼립투스의 에센셜 오일을 첨가해 물세탁이 가능한 모든 의류에 사용되고 신생아부터 가족 구성원 모두가 이 세제 하나로 세탁이 가능해요!

세탁물 5kg에 10ml, 밥숟가락 하나 분량만 넣어도 강력하게 세척되고 잔류 걱정이 없어요. 민감한 피부에도 자극없이 순하게, 하지만 얼룩은 제대로 지워 주고요.

세제 유목민에게 딱 하나의 세제만 구입해야 한다면 피퍼 세제를 적극 추천합니다. 특히 피퍼에서 나오는 얼룩 제거제는 피퍼 라인 중 가장 강력한 세척력으로 살균까지 가능해요.

피퍼 얼룩 제거제

피퍼 라인은 독보적인 레시피로, 공장에서 찍어 나오는 OEM 방식의 세제가 아니에요. 레시피를 특허 출원했을뿐 아니라 전 제품 비자극 인증에, 전 성분 공개로 안전하며 세탁 시 색 빠짐이 덜해 서 주방에 두고 바로바로 얼룩 제거를 하기 좋아요.

• 사용법 : 뿌리고 솔질하거나 비비고 얼룩에 따라 3~24시간 방치 후 다시 물을 뿌리고 비빈 뒤 다른 세탁물과 세탁합니다. 단, 컬러 옷은 색 빠짐이 있을 수 있으니 주의해야 해요. 얼룩이 오래 될수록, 오염원에 따라 남을 수 있으니 2~3차례 반복해요. 남은 얼룩은 오투와셔와 세제를 넣고 한번 더 반복하세요.

오투와셔

과탄산소다나 베이킹소다로 실패했다면 오투와셔를 추천해요. 흰 옷은 더 하얗게, 컬러 옷은 더 선명하게 해줍니다. 천연 세제인 과탄산나트륨, 베이킹소다, 구연산, 이 3가지 성분의 최적 혼합 비율로 세정력뿐 아니라 표백 효과가 좋고 찌든때, 얼룩, 냄새까지 쉽게 제거됩니다.

피퍼 얼룩 제거제로도 얼룩이 안 빠진다면 오투와셔와 세제로 한 번 더 세탁해보세요. 특히 몸에서 나는 단백질인 땀 얼룩으로 누렇게 변한 티셔츠와 퀴퀴한 냄새가 나는 아빠 티셔츠, 아이들이 실수한 침구류에 오투와셔와 세제를 같이 사용하면 탁월한 효과가 있어요. 유해 물질 무첨가에 6종 효소로 피부 자극이 없어 아기 빨래로도 좋습니다! 1회분씩 소분 포장이라 사용량으로 고민할 필요가 없고 장기간 보관할 때 용이하고요.

담금 세탁이나 세탁기 불림, 고온으로 세탁할 때 사용하면 세척력이 뛰어나고 피퍼 얼룩 제거제나 피퍼 세제와 같이 사용하면 효과가 뛰어나요.

단, 컬러 옷은 주의하세요! 오투와셔는 표백제
이므로 꼭 세제와 같이 사용하고 헹굼을 1~2회
추가해 주세요.

다운와셔

겨울철 대표적인 의류인 패딩부터 다양한 스포츠 기능성 의류까지, 옷이 점점 더 세분화되는 요즘 꼭 필요한 세제예요. 다양한 섬유의 옷을 한 가지 세제로 세탁한다면? 안 되겠죠?

구스 다운이나 덕 다운 패딩뿐 아니라 기능성 의류엔 다운와셔를 사용해 보세요. 천연 버터인 시어 버터가 필파워를 회복시키고 생분해도가 탁월해 잔류 걱정이 없으며 쉽게 건조되어요. 식물 유래 계면 활성제를 사용했기 때문에 아기옷에도 사용 가능해요. 특히 패딩은 충전재 보호를 위해 가급적 다운와셔로만 얼룩은 미리 제거하고 세탁하는 걸 추천합니다.

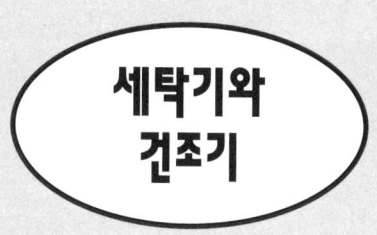

세탁기와
건조기

세탁기에 따라 세제 종류도 달라져요. 통돌이 세
탁기와 드럼 세탁기의 특징과 세제 사용 방법뿐
만 아니라 청결한 세탁기 관리 방법을 알아보고
꼼꼼하게 관리해 봐요.

① 세탁기

통돌이 세탁기

드럼 세탁기

드럼 세탁기

세탁물의 낙차를 이용한 세탁기예요. 그래서 세탁물이 떨어질 공간이 반드시 있어야 해요. 세탁물을 꽉 채워 넣으면 움직일 공간이 없어서 세탁이 제대로 안 되니 드럼 세탁기엔 세탁물을 최대 2/3까지만 채우세요.

✔ 딱! 정해 주는 드럼 세탁기 세제 사용량

① 빨래는 드럼통의 절반(약 5kg)만 넣어 주세요.

② 반드시 드럼 세탁기용 세제를 사용해요. 일반 세제는 거품이 너무 많이 나요.

③ 세제 제조사의 권장량만큼 사용해요. (평소 사용량보다 조금 적게 넣는 걸 추천해요.)

④ 세제 통 뒷면의 적정량보다 많이 투입하면 세제가 축적되어 냄새의 원인이 될 수 있어요.

⑤ 물의 양이 일반 세탁기의 1/3, 그러니 세제 투입량도 1/3로 줄여요!

⑥ 적은 오염엔 세제도 적게. 많이 사용하면 헹굼 후에도 거품이 남거든요.

⑦ 천연 가루 세제는 찬물에 잘 녹지 않아 누수와 고장이 생길 수 있어요. 반드시 40℃ 이상의 물로 세탁해요.

⑧ 애벌 세탁 세제량은 절반 이하로 줄여요.

⑨ 뭉친 가루 세제는 꼭 분말 상태로 만들어 사용해요.

세탁기 회사에서 정해 준
세제 사용법 10가지

통돌이 세탁기

회전으로 물살을 만들어 세탁하는 방식이에요. 세탁물보다 물의 양이 많아야 옷감 손상을 줄일 수 있어요. 세탁기 가격도 드럼 세탁기보다 저렴하고 소비 전력도 적어 전기세 부담이 없는 대신 물 사용량이 더 많아요. 세탁 시간이 짧아 수시로 세탁하는 가정이나 이불처럼 부피가 큰 세탁물을 자주 세탁하는 분들에게 통돌이 세탁기를 추천해요.

✔ 셀프 빨래방 세탁 팁

• 이불이나 큰 인형을 세탁할 땐 셀프 빨래방을 이용해 보세요. 부피가 커서 집에서는 세탁이나 헹굼이 덜 될 수 있거든요.

• 빨래방에 운동화 전용 세탁기가 있다면 가지고 있는 운동화를 모아 집에서 애벌 빨래한 뒤 빨래방에 가져가 세탁과 건조를 하면 좋아요. 약 1만 5천 원으로 운동화 8~10켤레를 세탁부터 건조까지 할 수 있어요. 세제와 섬유유연제는 집에서 사용하는 제품을 가져가는 걸 추천해요. 때론 향이 안 맞아 다시 세탁하는 경우도 있거든요.

✔ 세탁기 표준 코스의 물 온도가 40°C인 이유

세탁물에 묻은 오염들은 주로 땀, 지방, 단백질이기 때문에 물 온도가 체온과 비슷하거나 높아야 잘 제거돼요. 삶아야 하는 경우에도 물 온도 60°C로 충분해요. 시간과 전기세를 아끼세요!

왜 물 온도는
40°C야?

✔세탁조 청소법

세탁조 안은 한 달만 지나도 세균이 변기의 250배까지 증식해요. 최소 1개월에 한 번씩 또는 세탁 30회에 한 번씩, 여름철엔 2주에 한 번씩 꼭 세탁조를 청소해 주세요. 평소에 세탁조와 세제 통은 습해지지 않도록 꼭 열어 두세요.

① 세탁조 안에 과탄산소다 500~800g(종이컵 5컵)을 넣어요.

• 과탄산소다는 잘 굳기 때문에 1kg 소용량을 사용하면 좋아요.

• 식기세척기 세제도 과탄산나트륨, 구연산나트륨, 탄산나트륨이 들어 있어 세탁조 청소에 탁월해요.

• 요즘은 세탁조 클리너도 자연 성분으로 쉽게 구할 수 있으니 편하게 사용하세요.

② 물 온도 60℃로 10분 동안 〈표준세탁〉으로 돌려 주세요.

• 간혹 〈무세제 통세척〉으로 설정해 수건을 넣어 돌리기도 하는데 절대 금지! 〈무세제 통세척〉은 〈표준세탁〉보다 회전이 빠르기 때문에 수건을 넣으면 회전축이 과하게 돌아 고장의 원인이 돼요.

③ 통 세척을 하는 동안 세제 통 서랍도 뽑아서 꼭 세척해 주세요. 세제 통 서랍칸 안쪽도 손 소독제를 사용해서 깨끗이 닦아 주세요.

여름철
세탁조 청소

손 소독제를
세탁기 속에 넣으면
일어나는 일

다 쓴 치약
그냥 버려요?

미친 존재감.
세탁기에
소주 넣어 봤니?

② 건조기

건조기로 삶의 질은 올라갔지만, 옷이 줄어드는 건 해결되지 않는 불만이죠? 사실 스판덱스가 들어간 원단뿐 아니라 티셔츠, 기모 의류는 쉽게 줄어들어요. 원단이 물에 젖으면 섬유 구조가 느슨해지고 건조기의 텀블링 과정에서 수축하거든요. 건조 전 옷의 원단 특성을 잘 알아야 하는 이유예요. 단, 레이온이나 리넨, 울 등 천연 섬유는 건조기 사용 절대 금지입니다!

① 얇은 옷과 두꺼운 옷 분리 건조하기
얇은 옷과 두꺼운 옷을 같이 건조하면 얇은 옷이 다 마른 뒤에도 계속 열을 받아 수축하게 돼요. 세탁이 끝나면 얇은 옷부터 꺼내서 건조기에 먼저 돌려 주세요.
② 최대한 물기를 뺀 뒤 건조기에 넣기
물기가 많을수록 건조 과정에서 섬유가 손상될 수 있어요. 세탁 후 얇은 옷을 건조기에 먼저 돌리는 동안 두꺼운 옷은 세탁기로 한 번 더 탈수해 물기를 최대한 빼고 열 건조해 주세요.

건조기에
옷 줄어들지 않는 꿀팁

STEP 1. 땡스맘처럼 시작해라

이유는 핑계일 뿐!

내가 급성장한 걸 보고 주변에서 〈나도 하고 싶다〉라는 말을 많이 듣는다. 난 이렇게 말한다.
「그럼, 지금부터 영상을 찍고 저녁에 편집해 봐. 그리고 인스타그램에 올려 봐.」
그럼 열에 아홉은 이렇게 말한다.
「난 핸드폰이 갤럭시야.」
「저녁에 애들 태워다 줘야 해.」
「방학이라 시간이 없어.」
「지금 애가 아파.」
「난 컴맹이라 몰라.」
정말 별별 못하겠다는 이유가 다 나온다. 그럼 난

더 이상 말을 하지 않는다. 왜냐, 이 사람들은 절박함이 없다! 뭐든지 절박해야 당장 시작한다. 그렇다고 처음부터 〈난 돈을 이만큼 벌 거야〉, 〈내가 아는 00보다 팔로워 수를 늘릴 거야〉, 이 두 가지를 목적으로 한다면 1년을 넘기기가 어렵고 아침마다 눈 뜨기가 두려워질 수 있다. 실제로 내가 아는 분은 아침에 눈을 뜨는 게 두렵다고 했다. 오늘은 무슨 영상을 찍어야 하나, 아침에 눈 뜨면 이 고민으로 제일 괴롭다고 하더라. 남과 비교하는 순간 수많은 인스타그래머와 경쟁하게 되고 SNS의 노예가 되는 거다.

매일 해라! 그리고 즐겨라.

난 2년간 콘텐츠 업로드를 하루도 쉰 적이 없다. 독감이 걸려도, 이삿날에도, 쉼 없이 콘텐츠를 올리고 소통했다.

난 컴맹이다. 지금도 이메일 정도만 겨우 확인하고 pdf나 hwp 등 무슨 파일이 오면 남편을 부른다. 이런 내가 2년 전부터 짧게 10초 길게는 3분짜리 영상을 찍고 만들기 시작했다. 컴맹인 내가 편집 앱(CapCut)에서 기능을 하나하나 직접 누르며 사진과 영상을 편집하고 목소리를 녹음하고 음악을 깔고 버튼을 눌러 업로드된 영상을 보면 그렇게 뿌듯할 수가 없다. 올리자마자 좋아요, 댓글, 공유와 저장의 숫자가 올라가는 순간의 희열은 상상초월이다. 하지만 숫자에 연연하다 보면 그 숫자에만 매달리게 되니 조심하자!

송곳보다 바늘이다.

내가 인스타그램을 시작한 지 2년이 지났다. 처음엔 밥하는 것도 올리고 코스트코에서 쇼핑하는 영상, 죽은 꽃 살리는 영상, 여름철 초파리 잡는 영상 등 별별 영상을 다 올렸다. 그렇게 딱 7개월을 하고 다른 분들의 영상을 보니 내가 마치 바닷가 수많은 모래알 중 하나 같았다. 지난 여름에 찾은 바닷가 모래알을 기억하는 사람이 있을까? 사람들이 나를 찾지 못할뿐더러 나 같은 계정은 하루아침에 없어져도 아무도 모른다. 대체 몇 명이나 기억할까.

7개월 동안 올린 영상 중 〈떡상〉한 영상을 나름

분석해 봤다. 의외로 세탁에 관한 영상의 조회수나 댓글, 저장, 공유가 많았다. 18년간 의류 디자이너로서 쌓아온 지식이 한몫했다. 2023년 7월 이후 세탁 관련 영상만 올렸다. 주제를 좁히니 오히려 찍을 콘텐츠가 많아지고 카피에서 벗어나 오리지널 콘텐츠를 찍을 수 있었다.

〈난 세탁 영상만 올릴 거야〉라고 처음 주변에 말했더니 걱정하는 분들이 있었다. 〈몇 개나 올리겠어?〉, 〈과연 그게 될까?〉 하지만 세탁으로만 뾰족하게 콘텐츠를 올리니 우려와는 반대로 뭘 찍어야 할지 그런 고민이 사라졌다. 이젠 적어도 내 팔로워들은 〈세탁〉하면 땡스맘을 떠올린다.

우물을 파려면 깊게 파라!

가끔 영상 편집이나 콘텐츠에 대한 문의가 온다.
「주제를 좁혔는데 조회수가 안 나와.」
「바이럴이 안 돼.」
「사람들이 관심을 안 가져.」
그러면 난 이렇게 대답한다.
「주제를 좁히고 얼마나 오래 했어?」

「10개나 올렸어!」

「이번 달 한 달은 ××에 관한 것만 올렸어!」

10개로, 한 달 만에 대박이 터지는 일은 로또와도 같다. 요행을 바라지 말자! 최소 6개월, 1년은 해보자. 딱 한 가지 주제로만! 운이 좋아 하나의 콘텐츠로 바이럴이 되어도 계정에 볼 게 없으면 팔로우하지 않는다.

나도 인스타그램을 시작하고 12개월 만에 처음으로 영상이 바이럴됐다. 12개월이 지난 2023년 12월 3일 팔로워 수는 3만 명이었고 바이럴되기 시작 후 2개월 후 10만 명, 3개월 후 20만 명이 되었다. 72일 만에 10만 명이 늘었다.

다시 말하지만 난 컴맹이고 나이가 50이 넘었다. 20~40대가 못하겠다고 하는 말은 핑계일 뿐이다. 고민하지 말고, 먼저 영상을 찍어라! 처음부터 너무 많은 걸 다루면 아무도 기억을 못한다.

하나만, 딱 하나만 파라.

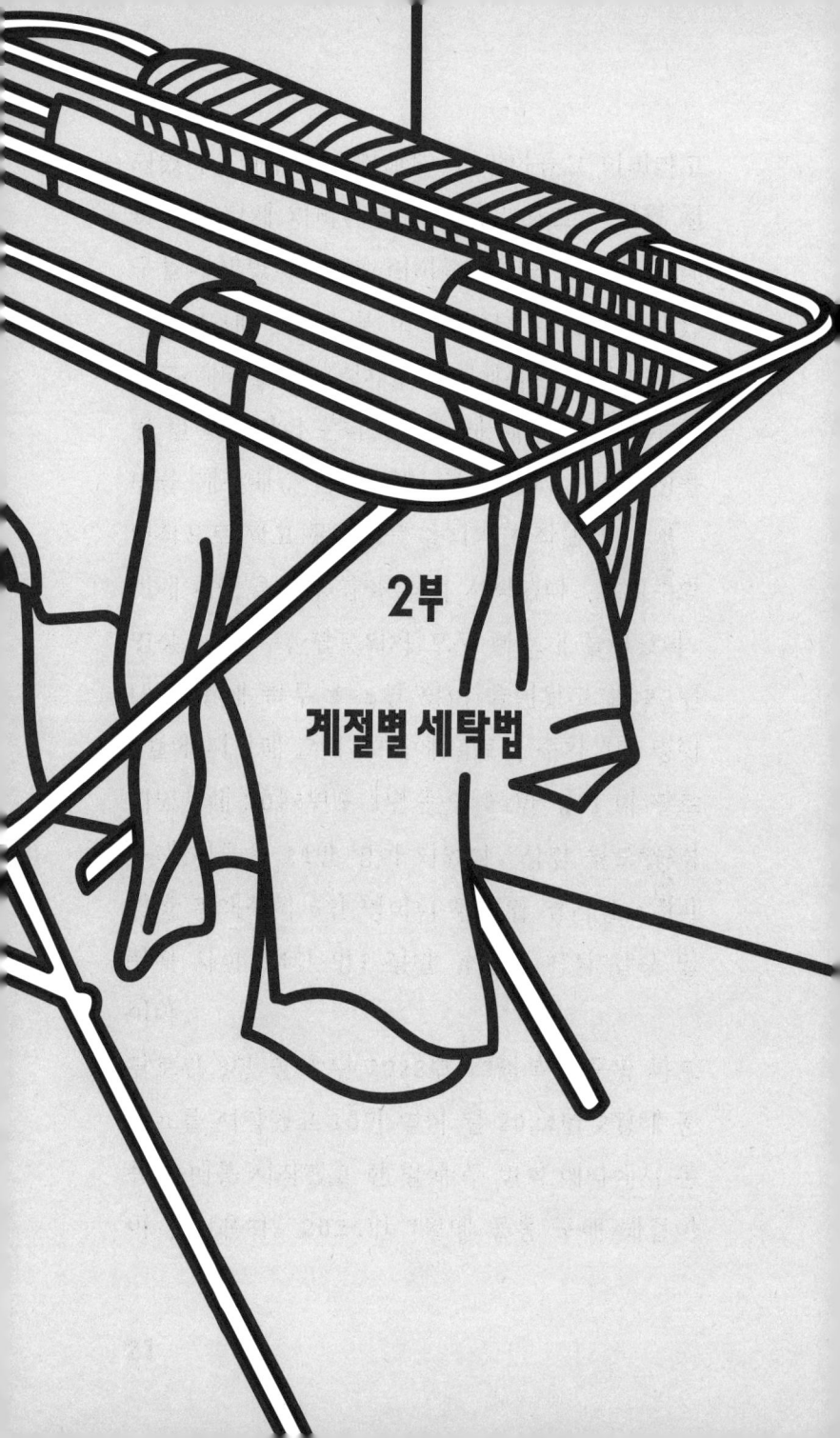

2부

계절별 세탁법

봄·가을

겨울 내내 입던 두꺼운 패딩을 집어넣고 하늘하늘 가벼운 옷을 꺼내기 시작하는 봄.

무더위에 매일 돌려 입어 누런 티셔츠와 민소매를 집어넣고 재킷으로 멋 내기 시작하는 가을.

설레는 맘으로 봄, 가을 옷을 꺼냈는데 장기간 보관하면서 얼룩이 생겼다고요?

집에서 해결할 수 있는 세탁 방법을 알려 드릴게요!

① 재킷

일교차가 큰 간절기에 자주 찾게 되는 재킷. 보통 드라이클리닝을 맡기는데 생활 오염이나 땀 얼룩은 드라이클리닝으로 지워지지 않아요. 이럴 때 집에서 물세탁하는 방법을 알려 드릴게요. 시작하기 전에! 내가 가진 재킷이 물세탁 가능한지 다음 체크 리스트를 먼저 꼭 확인해 주세요.

3가지 모두 해당되어야 재킷을 세탁기로 물세탁할 수 있어요.

• 칼라가 없고 목둘레가 둥근가요?

칼라 안에 심지가 붙어 있어서 물 온도나 물살에 심지가 떨어져 칼라가 우글우글해질 수 있어요.

• 품질 라벨을 확인해 보세요. 소재가 폴리에스터인가요?

폴리에스터는 쉽게 세탁할 수 있고, 울, 실크, 캐시미어는 물세탁 시 원단이 줄어들거나 거칠어질 수 있으니, 세탁소에 맡겨 주세요. (단, 얼룩은 안 지워질 수 있어요.)

• 다른 색이나 소재의 배색이 없나요?

흰색과 검은색 또는 원색끼리 배색이 있으면 세탁하면서 이염될 수 있고, 소재가 다른 부분도 수축이 생길 수 있어요.

검은색 재킷

애벌빨래 때가 많이 타는 소매와 팔꿈치를 세제를 묻혀 솔질해요.

세탁 반듯하게 접어 딱 맞는 크기의 세탁망에 넣어요. 세탁기에 넣은 뒤 피퍼 세제와 피퍼 유연제를 넣고 **울코스 | 약탈수** 로 돌려 주세요.

건조 옷걸이에 걸어 **자연 건조** 해 주세요. 특히 칼라나 앞면은 손으로 잡아당겨 펴주세요.

다림질 구김이 남았다면 반 정도 말랐을 때 스팀 다림질을 해주세요. 다 마르기 전에 다려 줘야 잘 펴져요!

흰색 재킷

애벌빨래 오투와셔 1봉지와 세제를 미지근한 물에 잘 풀어 준 뒤, 옷을 최대한 크게 접어 푹 담그세요. 오염이 심한 부분은 솔질해 주세요.

세탁 6시간 후 건져서 세탁기에 넣고 `표준코스 | 30℃ | 약탈수` 로 돌려 주세요.

건조 옷걸이에 걸어 `자연 건조` 해요. 칼라나 앞부분을 손으로 잡아당겨 펴주세요.

다림질 구김이 남았다면 반 정도 말랐을 때 스팀을 해주세요. 다 마른 뒤에 다리면 구김을 펴기 어려워요!

이런 재킷은 집에서
물세탁하세요

② 주름 스커트

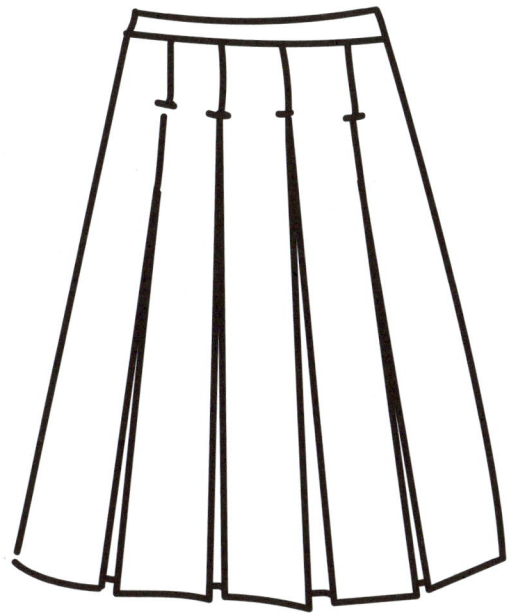

하늘하늘한 주름 스커트는 봄에 특히 많이 찾게 되죠? 드라이클리닝을 맡기는 게 가장 좋지만 얼룩이 덜 지워졌거나 냄새가 난다면 이렇게 세탁해 보세요. 단! 폴리에스터 소재 주름 스커트만 물세탁 가능해요. 울, 실크, 인조견은 가급적 드라이클리닝하고 세탁할 수밖에 없다면 꼭 손세탁해 주세요.

✔ 치마에 기계 주름을 만들 때 열처리 온도에 따라 세탁 과정에서 주름이 펴질 수도 있어요. 그러니 가급적 저가의 주름 스커트는 구매를 피하는 게 좋아요.

애벌빨래

• 누런 얼룩에 오투와셔와 세제를 섞어 발라 솔질해요.

• 오염이 맞닿게 접어 오염 정도에 따라 그대로 1~12시간 방치해요.

• 물을 뿌려 거품이 나도록 다시 솔질해요.

세탁 중성세제를 넣고 울코스 | 30°C | 약탈수 로 세탁해 주세요. 정전기 방지를 위해 꼭 마지막 헹굼에 섬유유연제를 사용하세요.

건조 스커트 허리에 꼭 바지걸이를 걸어 그대로 자연 건조 해요. 원단에 집게 자국이 남지 않도록 뽁뽁이를 접어 같이 끼워 주면 좋아요.

③ 트렌치코트 목 때

봄, 가을에 멋 부리기 좋은 트렌치코트. 몸에서 나온 때는 드라이클리닝으로 잘 지워지지 않기 때문에 드라이클리닝 후에도 목 부분에 누런 때가 남아 있을 수 있어요. 그럴 때 집에서 세탁하는 방법이에요.

단! 안감이 울 또는 실크라면 물세탁 절대 금지예요.

애벌빨래

• 저렴한 클렌징 폼을 목 때 부분에 쭉 짜고 솔질하거나 오투와셔와 세제를 섞어 발라 솔질하세요.

• 2~3시간 방치 후, 흐르는 물에 한 번 더 솔질해요.

세탁 세탁기에 트렌치코트를 넣고 세제 통에 중성세제를 추가해 울코스 로 세탁해 주세요.

건조 빨래가 끝나면 옷걸이에 걸어 자연 건조 해주세요.

다림질 다 마르기 전에 다림질하는데 원단에 따라 다림질이 잘 안될 수 있어요. 이때, 세탁소에 다림질만 맡겨 보세요.

트렌치코트 목때
폼 클렌징

④ 셔츠 누런 때

슬슬 날씨가 풀려 봄 셔츠를 꺼냈는데 누렇게 변했다고요? 장기간 보관하기 전에 세탁을 잘못했거나 보관 자체를 잘못했다면 셔츠 목, 겨드랑이 등이 누렇게 되거나 이염이 생길 수 있어요. 놀라지 말고, 이 방법으로 세탁해 보세요.

애벌빨래

• 대야에 미지근한 물을 받아 오투와셔 1봉지와 피퍼 세제를 약간 넣고 잘 풀어 줘요.

• 옷을 대야 크기에 맞춰 최대한 크고 반듯하게 접어 그대로 푹 담가요. 오염이 심한 쪽을 밑으로 넣은 뒤 오염에 따라 6~12시간 그대로 방치하세요.

✔ 담금 세탁을 할 때는 꼭 창문을 열어 주세요.

• 중간에 한번씩 오염 부위를 손으로 비비거나 꾹꾹 누르고 뒤집어 주세요.

세탁 셔츠를 건져 물을 짠 뒤 세탁기에 넣고 세제를 추가해 표준코스 로 세탁해요.

건조 건조기에 반만 돌리다가 꺼내 구김이 생기지 않도록 바로 다림질해 주세요. 1~2시간 더 자연 건조 해요.

✔ 장기간 보관하기 전 세탁법

① 세제를 너무 많이 넣지 마세요.
세제를 많이 넣으면 옷에 남아 곰팡이와 냄새의 원인이 돼요.
② 헹굼을 1회 추가해요.
한 번 더 헹구면 남은 세제를 제거할 수 있어요.
③ 마무리로 햇빛 건조해요.
건조기를 사용했더라도 햇빛에 3~4시간 바짝 말려 주세요.

단! 나일론 소재는 햇빛에 색이 바랄 수 있으니, 직사광선과 장시간 건조는 피해 주세요.

3년 묵은 셔츠
목때 세탁법

⑤ 면바지

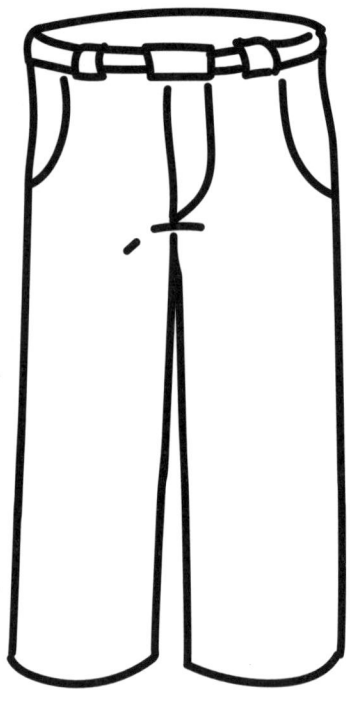

면바지는 아주 추운 겨울을 빼고 자주 입죠? 면
바지를 세탁하기 전엔 항상 품질 라벨부터 확인
하세요. 만약 우레탄(스판덱스)이 들어있다면
빨래 후 바지가 줄어들 수 있어요. 이 점 유의하
며 아래 방법으로 세탁해 보세요. 그리고 바지
뒷면 허리에 가죽 라벨이 붙어 있다면 이염되기

쉽기 때문에 가죽 라벨이 붙은 흰 바지 또는 밝은 색 바지는 구매부터 피하길 추천해요.

세탁 표준코스 | 30℃ 이하 | 약탈수 로 세탁해요. 단, 흰 바지는 물 온도를 40℃로 설정해요.

건조 세탁이 끝난 뒤 탁탁 털고 손으로 잘 펴준 뒤 **자연 건조** 해 주세요. 건조기를 돌린다면 **울코스나 섬세코스** 로 돌려요. 이렇게 모양을 잡아 주면 구김이 줄어들어 꼭 다림질하지 않아도 돼요.

⑥ 곰팡이 핀 컬러 양복

봄, 가을은 결혼식 갈 일이 많은 계절이에요. 그런데 오랜만에 꺼낸 양복에 곰팡이가 피었다면? 당황하지 말고 이렇게 세탁해 보세요. 울 100% 나 명품 양복은 물세탁하다가 오히려 옷이 손상될 수 있으니 꼭 전문점에 맡기세요.

애벌빨래

- 큰 대야에 따뜻한 물을 받아 오투와셔 1봉, 중성세제 20ml를 잘 풀어 주세요. 오투와셔가 없다면 베이킹소다 1컵을 넣어 주세요.
- 양복을 크게 접어 푹 담그고 15분 기다려요.
- 곰팡이 핀 부분만 부드러운 솔로 비벼 주세요.

세탁 세탁기에 양복과 중성세제 10ml를 넣고 **울 코스** 로 돌려 주세요.

건조 탁탁 털어 옷걸이에 건 뒤 **자연 건조** 로 반 정도 말린 후 스팀 다리미로 다려 주세요. 양복이나 와이셔츠는 집에서 세탁 후 다림질은 근처 세탁소에 맡기는 것도 방법이에요.

∨ 곰팡이가 자주 핀다면 옷장을 점검하세요. 곰팡이 균이 남았다면 매해 반복해서 곰팡이가 필 수 있어요.

∨ 여름뿐 아니라 보일러를 켜는 겨울도 곰팡이가 생길 수 있으니 사계절 옷장을 환기해 주세요.

곰팡이 핀 양복 세탁법

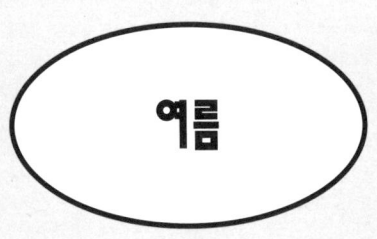

여름

여름은 아무래도 높은 습도와 꿉꿉한 쉰내와의 전쟁이죠! 여름에도 냄새 없이 쾌적하게 세탁할 수 있는 비법을 소개합니다.

① 리넨

리넨은 식물성 섬유인 마로 만든 소재예요. 마는
내구성이 강하고 땀과 수분을 잘 흡수해 여름철
의류나 침구류에 많이 사용되고 있어요. 구김이
잘 생기다 보니 세탁기에 돌리면 안될 것 같죠?
전혀! 몇 가지 주의점만 지키면 오래 입을 수 있
는 섬유예요. 얼룩도 사라지고 색도 살아나는 리
넨 세탁법을 알려 드릴게요. 단, 첫 세탁이거나

오래오래 입고 싶다면 드라이클리닝을 맡기세요. 드라이 맡긴 후 오염이 있거나 냄새가 날 때 집에서 물세탁을 추천해요.

애벌빨래

• 대야에 미지근한 물을 받고 오투와셔와 피퍼 세제를 잘 풀어 줘요.

✔️ 리넨 세탁할 때 찬물과 뜨거운 물은 피해 주세요.

• 옷을 두어 번 큼직하게 접어서 푹 담가 주세요. 오염 정도에 따라 재킷은 6~12시간, 셔츠는 3~6시간 정도 기다려요.

✔️ 100% 모시 섬유는 섬유가 늘어질 수 있으니 2시간 이내 건져 주세요.

세탁 세탁기에 넣고, 피퍼 세제를 조금 추가해 울코스 | 30℃ | 약탈수 로 세탁해요.

건조 구겨지지 않도록 옷걸이에 잘 걸어 자연 건조 하면 끝!

✔️ 자연 건조 시 재킷은 양복 옷걸이를 사용하세요.
✔️ 건조 시 손으로 살짝 당겨 주면 다릴 필요 없이 웬만한 주름이 사라져요.

✔ 리넨에 절대 안 돼요!

- 고온 세탁
- 비틀어 짜기
- 건조기
- 약알칼리성 세제
- 표백제
- 섬유유연제

✔ 리넨은 무조건 오투와셔를 세제와 함께 사용하세요. 흰 옷은 더 희게, 컬러 옷은 더 선명하게.

리넨 세탁
이걸로 끝

2개만 있으면
리넨 세탁 끝!

② 반팔 티셔츠

색깔도 디자인도 다양한 티셔츠 관리법과 세탁법 딱 정리해 드릴게요. 누래진 흰색 티셔츠는 하얗게, 줄어든 티셔츠는 원래 크기로 다시 살릴 수 있을 거예요. 여름 티셔츠는 변형이 잘되기 때문에 가급적 세탁망을 사용하고, 건조기에 돌릴 때도 섬세코스나 울코스를 추천해요. 전반적인 티셔츠 세탁법은 p.163의 내용을 확인해 보세요.

건조기에 확 줄은 티셔츠
100% 살리기

냄새 나는 검정 티셔츠

우리나라 사람들이 가장 많이 입는 티셔츠 컬러 1위는 〈검정〉. 많이 입는 만큼 점점 냄새도 나죠? 원단이 두껍고 색이 진할수록 오염과 냄새를 머금는 특성이 있어서 흰 티셔츠와 같은 방법으로 세탁하면 냄새가 날 수 있어요. 그렇다고 세탁기에 냄새가 빠질 때까지 돌리면 색도 같이 빠지니 이럴 땐 오투와셔를 이용해서 담금 세탁하세요. 미지근한 물에 오투와셔와 중성세제를 섞어 하루 담근 후 세제 추가 없이 **표준코스 | 30℃ | 중탈수** 로 돌리면 냄새가 나지 않을 거예요.

③ 쉰내 안 나는 세탁법

여름철엔 습도가 높아 조금만 방심해도 옷에서 쉰내가 날 수 있어요. 장마철에도 쾌적하게 세탁할 수 있는 방법들을 모두 알려 드릴게요. 빨래에서 냄새가 난다면 하나씩 단계별로 시도해 보세요.

① 세탁 시 물 온도를 최대한 높이고, 건조기도 5~10분 정도 추가로 돌려요.
② 헹구는 단계에서 백식초를 사용하세요.
향이 짙은 섬유유연제는 넣지 마세요. 향을 향으로 덮는 건 역효과예요.
③ 세제를 2/3로 줄여요.
냄새난다고 세제를 들이부으면 오히려 옷에 세제가 남아 곰팡이와 냄새의 원인이 돼요. 헹굼 1회를 추가해도 좋아요.
④ 건조기를 적극 활용해요. 강한 햇빛에 말려도 좋아요.
수건은 건조기를 추가로 한 번 더 돌리고, 습도가 높은 여름엔 자연 건조를 추천하지 않아요.

드라이 시트를 넣는 것도 도움이 되지만 알레르기 방지 원단 같은 기능성 의류에 자칫하다가 드라이 시트 얼룩이 남을 수도 있으니 주의하세요.

⑤ 스프레이는 꼭 천연 제품을 사용하세요.

천연 제품은 세탁으로 쉽게 지워지지만, 이외의 제품은 옷에 얼룩이 남을 수 있어요. 건조기 돌릴 때 양모 볼에 천연 스프레이를 몇 번 뿌린 뒤 같이 돌려도 좋아요. 단, 오일은 원단에 남을 수 있어요.

⑥ 세탁조 청소를 해보세요.

여름철엔 1~2주에 한 번 청소하고, 세탁조와 세제 통을 평소에도 꼭 열어 두세요.

⑦ 위 모든 방법이 다 안 통한다면? 두 가지 방법! 첫째, 락스와 물을 1:200 비율로 희석한 후 옷을 10분 정도 담가요. 어두운 옷이면 옷 안쪽 시접 부위에 색이 변하지 않는지 미리 테스트해 보세요.

둘째, 오투와셔에 하루 담궜다가 세탁해 보세요. 세탁 시 세제와 오투와셔 1~2봉을 넣고 세탁해도 쉰내가 싹 사라져요.

✔ 오투와셔가 없다면! 꿀팁 2가지

① 베이킹소다 1컵을 넣고 세탁기로 표준세탁한 다음 보관해 주세요. 베이킹소다는 탈취 기능이 좋아 특히 면 티셔츠, 운동복을 세탁할 때 추가로 넣어 주면 보관할 때 냄새가 줄어들어요.

② 오래 보관하는 옷은 세제나 섬유유연제가 섬유에 잔류해 곰팡이나 냄새의 원인이 될 수 있으니 꼭 헹굼을 1~2회 추가하세요.

여름 티셔츠
이것 안 하고 보관한다고?

겨울

겨울은 니트, 코트, 패딩 등 껴입는 옷이 많다 보니 세탁 사고도 많은 계절이에요. 가장 문의가 많았던 패딩, 니트 세탁뿐만 아니라 울 코트, 기모, 스키복 등 겨울에 꼭 알아둬야 하는 세탁 노하우들을 꽉 채워 알려 드려요.

① 패딩

겨울철 필수 아이템, 패딩! 알면 두면 좋은 패딩 세탁법과 관리 노하우가 참 많아요. 컬러별 세탁법과 솜 빵빵하게 살리기 등 꿀팁 모두 전수해 드릴게요.

먼저 세탁소에 맡길 땐 꼭 오염 부위를 미리 말하는 게 좋아요. 그리고 세탁물을 찾아온 뒤 반드시 비닐을 벗겨 베란다에 하루 정도 말려 주세요. 그대로 비닐에 넣어 장기간 보관하면 변색할 수 있거든요. 집에서 패딩 세탁하는 방법은 아래에 더 자세히 알려 드릴게요. 단, 클렌징 오일, 디퓨저(천연 성분 제외), 향수는 지우기 어려우니 주의하세요.

✔ 세탁이 쉬운 패딩 고르는 Checklist

• 후드 털 탈부착이 되나요?

패딩과 후드 털은 세탁 방법이 달라 탈부착이 되면 좋아요.

• 색이나 소재가 다른 포인트가 없나요?

색이나 소재가 다른 포인트가 있으면 세탁 과정에서 이염과 변형이 생길 수 있어요. 예를 들어 검정 옷에 흰색 배색이 있거나 가죽이나 니트, 모피 장식이 있는 옷들이요. 이미 구매했다면 전문점에서 세탁하세요.

• 흰색 패딩인가요?

흰색 패딩은 세탁해도 점점 노랗게 변할 수 있어요.

• 제조국이 동남아인가요?

동남아산 패딩 중 세탁해도 없어지지 않는 닭장 냄새가 나는 경우가 종종 있어요. 품질 라벨을 확인해 보세요.

• 몸통과 팔의 충전재가 다른가요?

품질 라벨에서 몸통과 팔의 충전재가 같은지 확인해 보세요. 팔만 솜이면 세탁 후 뭉칠 수 있어요.

오리털 패딩 살 때
3가지는 빼자

패딩에 안 돼요!

• 울 전용 세제

울 전용 세제(울 샴푸)의 에멀션 성분이 충전재의 보온성을 떨어뜨려요.

• 섬유유연제

섬유유연제의 실리콘 오일 성분은 옷감의 표면 장력을 떨어트려 고어텍스 등 기능성 패딩의 방수, 방습 기능을 저하해요. 반면, 오리털이나 거위털의 정전기를 막아줘 충전재를 촉촉하고 빵빵하게 관리할 수 있기도 해요.

장단점이 모두 있다 보니 기능성 패딩의 발수력이 걱정된다면 넣지 말고, 보온성 패딩의 털이 죽었다면 소량만 넣어 보세요.

• 고온 세탁, 고온 건조, 잦은 세탁

오리털, 거위털의 적당한 기름기가 온기를 머금는데 고온에서 세탁하거나 건조하면 이 기름이 빠져 보온 기능이 떨어져요. 잦은 세탁도 좋지 않아요.

• 알칼리성 세제

일반 세제, 과탄산소다, 표백제, 염기성 세제 모

오리털 세탁
실수 5가지

이걸 넣어
빵빵해진다고?

두 금지!

염기성과 알칼리성 세제는 단백질을 분해하기 때문에 충전재 털의 기름기를 빼서 보온성이 떨어져요. 세탁 전 겉면만 비비고 헹궈 주는 건 가능해요. 중성세제가 없다면 일반 세제를 1/3만 넣고 세탁하세요. 얼룩은 미리 애벌빨래로 지워 주세요.

• 세탁망

물에 젖은 패딩의 무게는 엄청나요. 세탁망에 넣으면 한쪽으로 쏠려 탈수가 덜 될 수 있고 세탁기의 축이 망가질 수도 있어요. 벨크로 테이프나 지퍼 등 부속이 많다면 차라리 뒤집어서 세탁하세요. 만약 탈수가 너무 안 될 때는 패딩을 꺼내 대야에 넣어 물을 어느 정도 짜준 뒤 다시 세탁기에 넣어 강탈수를 추가해 보세요.

• 베이킹소다

베이킹소다뿐 아니라 구연산, 섬유유연제, 과탄산소다 모두 기능성 방수 코팅 패딩의 코팅제를 녹일 수 있어요. 패딩에서 냄새가 난다면 샤워 후 패딩을 욕실 안에 잠시 걸어 두세요. 습기가 냄새를 흡수해 줄 거예요.

• 물티슈

물티슈 성분이 옷을 탈색시키거나 오염을 섬유 속으로 더 깊숙이 침투하게 만들어요. 황변이 생길 수도 있어요.

• 다른 세탁물과 함께 세탁

패딩은 기능성 원단을 겉감으로 사용하기 때문에 이 기능 보호가 중요해요. 꼭 패딩끼리만 세탁하세요.

• 옷걸이 건조

옷걸이에 걸어 건조하면 충전재가 아래로 쏠릴 수 있어요. 충분히 털어 눕혀서 자연 건조해 주세요. 건조기에 세탁볼이나 양모 볼을 넣고 송풍으로 돌려 주면 충전재가 살아나기 때문에 자연 건조와 건조기를 2~3회 반복하면 패딩이 금세 빵빵하게 살아나요.

패딩 세탁에
이건! 하지 말자

검은색 또는 유색 패딩

애벌빨래

• 탈부착할 수 있는 모자, 와펜, 벨트 등 모든 부속을 떼어 주세요.

• 얼룩 부분에 다운와셔를 붓고 솔질한 다음 1시간 정도 방치해요. 때가 많이 타는 목, 소매, 주머니, 가슴 부분도 꼭 솔질해 주세요.

세탁 지퍼나 단추를 모두 채운 뒤 세탁기에 남은 다운워셔(성인 패딩 기준 1봉지)를 넣고 `표준 코스 | 30~40℃ | 헹굼 5회 | 강탈수` 로 세탁해요.

✓ 물 온도는 오염이 많거나 흰색 패딩일 땐 40℃, 컬러 패딩일 땐 30℃로 맞춰요.
✓ 패딩 겉면에 와펜이나 부속이 많다면 뒤집어 세탁해요.
✓ 알칼리성 세제나 과탄산소다는 절대 안 되는 거 아시죠?
✓ 지퍼가 벗겨지는 소재라면 지퍼 슬라이드를 〈글래드 매직랩〉으로 싸서 세탁하세요.

건조

• 건조기에 넣고 `패딩코스` 또는 `울코스 | 섬세코스 | 민감코스` 중 하나로 2회 연속 건조해 주세요. 이때 양모 볼을 4~5개 넣으면 패딩을 두드려 빵빵해져요.

• 건조대에 반드시 눕혀서 **하루 자연 건조** 해요 .
손으로 만져봤을 때 뭉친 충전재는 손으로 뜯어
펼쳐요 .

• 다시 건조기에 넣고 섬세코스보다 온도가 높은
표준건조 로 1회 돌려요 .

∨ 건조기가 없다면 양 어깨를 잡고 탁탁 터는 과정을 반복하며
눕혀서 자연 건조하세요.

∨ 충전재의 복원력과 필파워에 따라 부푼 정도가 다를 수 있어요.

∨ 옷걸이로 두들겨 주면 충전재가 좀 더 살아나요.

목때 찌든 패딩 세탁법

흰색 패딩

흰색 패딩은 세탁할수록 점점 변색한다는 점 잊지 마세요. 나일론 소재는 오염이 잘 빠지지만 햇빛에 취약해서 변색할 수 있으니 보관할 때 햇빛을 차단해 주세요.

세탁

• 오염이 많은 흰 패딩일 경우는 다운와셔를 넣고 **표준세탁 | 40℃ | 중탈수 | 헹굼 없이** 로 설정해 세탁과 탈수만 하세요.

• 얼룩 부위와 주머니, 밑단 안쪽, 소매 끝에 세제 원액과 다운와셔를 붓고 솔질한 다음 1~2시간 방치 후 다시 세탁기에 넣고 남은 다운워셔를 부은 뒤 **표준세탁 | 40℃ | 헹굼 5회 | 강탈수** 로 세탁해요.

건조 건조기에 넣고 두드리는 효과를 주기 위해 양모 볼을 4~5개 함께 넣어 **저온건조로 2회** 돌린 뒤 **자연 건조** 로 말려요. 패딩이 다 건조되면 **표준건조 1회** 더 돌려 주세요.

패딩 세탁
꼭 저장

검정과 다른
흰 패딩 세탁법

솜 패딩, 경량 패딩

애벌빨래 목, 소매 끝, 주머니 등 오염이 많은 부분에 다운와셔를 발라 솔질한 뒤 1시간 정도 불려 주세요.

세탁 세탁기에 그대로 넣어 중성세제를 넣고 `표준코스 | 30℃ | 헹굼 5회 | 강탈수` 로 세탁해 주세요.

건조 양모 볼을 넣고 `저온건조 2회` 후 건조대에 눕혀 `1일 자연 건조` 후 `표준건조 1회` 돌려 주세요. 옷걸이로 두들겨서 충전재를 빵빵하게 해주면 더 좋아요.

✔ 다운와셔가 없다면 중성세제를 사용하세요.
✔ 울 전용 세제는 금지예요.

3단계 패딩
세탁법

후드 털

탈부착이 안되는 후드 털은 세탁소나 전문점에 맡기고 세탁소에 맡겨도 냄새가 심하거나 오염이 심할 때 이 방법으로 세탁해 보세요. 단, 후드 털의 가죽 부분은 약간 뻣뻣해질 수 있어요.

세탁

• 대야에 미지근한 물을 담아 울 전용 세제를 충분히 섞어 풀어 준 뒤 후드 털을 푹 담가요.

• 비비거나 비틀지 말고, 결 방향대로 손바닥으로 빗겨주듯이 꾹꾹 누르며 손세탁하세요.

• 충분히 헹군 후 마지막 헹굼에 섬유유연제를 꼭 넣고 헹궈요. 그래야 정전기와 오염을 방지할 수 있어요.

건조

• 수건에 후드 털을 돌돌 말아 딱 맞는 세탁망에 넣고 세탁기에 약탈수 로 돌려 줘요.

• 탁탁 털어 그늘진 곳에서 자연 건조 하고 마지막으로 애견 빗으로 빗겨 주세요.

찐내 나는 후드 털
세탁법

통돌이 세탁기라면?

패딩을 그냥 넣고 돌리면 물 위에 풍선처럼 떠다니고 제대로 세탁되지 않아요. 공기를 조금 빼줄 수 있도록 대야나 세면대에 물을 받아 패딩을 담근 후 손바닥으로 꾹 눌러 주세요. 피~익 하고 반 이상 바람을 뺀 뒤 통돌이 세탁기에 넣어 세탁해요. 큰 패딩이면 대야나 욕조에서 발로 밟아 공기를 최대한 빼야 해요.

통돌이 패딩 세탁

건조기가 없다면?

강탈수 후 마른 수건을 2~3장 넣어 다시 한 번 탈수해요.

탁탁 털어 건조대에 눕혀 3일간 자연 건조하면서 중간 중간 어깨 부분을 잡고 한번씩 탁탁 털어 주세요. 다 마르면 충전재 복원에 도움이 되도록 방바닥에 눕혀 옷걸이로 두드려 주세요.

✔ 패딩 관리 꿀팁

• 패딩 세탁 후 우글우글하다면?

원단이 우글우글할 때 스팀 다리미로 원단으로부터 5~10cm 정도 떼서 스팀으로 다려 주세요.

• 패딩을 압축 백에?

패딩은 압축 백에 넣지 마세요. 복원력이 떨어져서 다음 해에 빵빵하게 살아나지 못할 수 있어요.

• 여러 겹 겹쳐 보관하지 마세요.

색이 다른 패딩은 보관 중에도 이염될 수 있어요. 특히, 유광은 조심하세요. 한 벌씩, 부직포 옷 커버에 보관하고 주머니에 방습제를 넣으면 습기에도 안전해요.

• 장기간 보관할 때는?

① 헹굼을 1회 추가하고 자연 건조도 1일 추가해 주세요. 남은 세제 찌꺼기로 곰팡이나 냄새의 원인이 될 수 있거든요.

② 헤비 다운이라면 충전재가 아래로 쏠릴 수 있기 때문에 옷걸이에 걸지 말고, 접어서 보관하길 추천해요. 만약 옷걸이에 걸어

보관했다면 가을쯤 바지걸이에 거꾸로 걸어 주세요.

③ 세탁소에 맡겼다면 꼭! 비닐커버를 벗기고 베란다에 하루 걸어 놨다가 부직포 옷 커버를 씌워 보관하세요.

④ 옷을 너무 빽빽하게 보관할 경우 냄새나 곰팡이의 원인이 될 수 있으니 공간 확보를 하고 수시로 옷장 문을 열어 환기하세요.

공처럼 뭉친 패딩

패딩에 식초를
뿌린다고?

납작해진 패딩
살리는 법

② 니트

니트는 왜 줄어들까요? 울 니트는 주로 양털로
만드는 섬유인데 사람 모발과 결이 똑같아요. 우
리가 머리 감을 때 머리가 엉키는 것처럼 울 섬유
도 물에 젖으면 털의 결이 벌어지고 비비거나 비
틀었을 때 서로 엉켜 옷이 줄어들죠. 이때 린스
나 트리트먼트에 담가도 늘어나지 않아요. 먼저
보풀 제거기로 엉킨 섬유를 끊어 줘야 다시 늘어

날 수 있어요.

드라이클리닝이 우선이지만 간혹 냄새나고 오염이 안 빠졌을 때 집에서 세탁할 수 있는 방법을 알려 드릴게요. 울 니트, 울 100% 머플러, 캐시미어 100% 머플러 모두 아래 방법으로 세탁할 수 있어요.

99%가 모르는 울 니트
진짜 줄어드는 이유

울 섬유, 니트에 절대 금지해야 할 것!

- 세탁기나 건조기
- 알칼리성 세제
- 찬물이나 뜨거운 물
- 비비거나 비틀어 짜기
- 옷걸이에 걸어 말리기
- 다른 세탁물과 같이 세탁

울 섬유, 니트는 꼭 이렇게!

- 중성세제와 섬유유연제
- 미지근한 물
- 꾹꾹 누르며 손세탁
- 눕혀서 건조
- 방습제나 방충제

세탁소로 가야 해요!

울 100% 니트, 캐시미어 100% 니트, 앙고라, 모헤어, 알파카는 먼저 세탁소에 맡겨요. 변형되기 쉽고 한번 변형되면 복구가 어렵거든요. 단, 드라이클리닝을 오래 했고 얼룩이 안 지워지고 냄새가 날 때만 울 전용 세제로 집에서 세탁해 보세요.

니트 세탁 주기

니트는 섬유 특성상 오염이 깊숙이 박히지 않기 때문에 자주 세탁하지 않아도 돼요. 하지만 땀이 오래되면 니트 색이 변할 수 있으니 세탁해야 해요. 특히 겨드랑이 땀은 잘 지워지지 않아요. 땀이 많다면 속옷을 착용하세요.

손세탁할 때는?

손세탁

• 대야에 30℃의 미지근한 물을 받아 울 전용 세제나 중성세제 1/2 티스푼을 섞어요.

✓ **차가운 물, 뜨거운 물 금지!**

• 단추나 지퍼를 채운 후 보풀 방지를 위해 옷을 뒤집어 반듯하게 접어요. 세제 물에 푹 담가 여러 번 뒤집어 가며 30회 정도 꾹꾹 눌러 주세요. 오염 부분은 거품을 묻혀 살살 비벼요.

✓ **세탁 시간은 5분을 넘기지 마세요.**

• 미지근한 물에 꾹꾹 누르며 2~3회 헹궈요.

• 마지막 헹굼에 꼭 섬유유연제를 세제만큼 물에 충분히 섞어 주세요.

건조

• 절대 비틀어 짜지 마세요! 그대로 건져 펼친 수건 위에 올린 후 다른 수건으로 덮어요. 김밥처럼 돌돌 말아 딱 맞는 세탁망에 넣고 세탁기에 중탈수 로 돌려요. 딱 맞는 크기의 세탁망에 넣어야 옷이 움직이지 않아 변형되지 않아요.

• 건조기 절대 금지! 건조대에 눕혀 자연 건조 해

주세요. 소매가 늘어지지 않게 잘 걸쳐 주고 손으로 살짝 당겨 가며 모양을 잡아 주세요.

• 반 정도 말랐을 때 스팀 다리미로 다려요. 스팀 후 다시 눕혀 마저 건조해 주세요. 혹시 세탁하다가 약간 줄었더라도 늘리며 다림질하면 다시 늘어나요.

제발 세탁기에
넣지 마세요!

절대 줄지 않는
울 니트 세탁법

캐시미어
머플러 10분
세탁법

세탁소 아저씨가
알려 준
울, 캐시미어
니트 세탁법

기계 세탁은?

세탁

• 옷이 흔들려 늘어나지 않도록 딱 맞는 세탁망
이나 스타킹에 울 니트를 접어넣어요.

• 울 전용 세제를 넣고 **울코스 | 30℃** 로 세탁해
주세요.

✔ 샴푸로 세탁하는 경우도 있는데 거품이 많이 나와 헹굼도 많
이 해야 해서 추천하지 않아요.

건조 탈수가 끝나면 니트를 건조대 위에 눕혀서
자연 건조 해요.

건조기를 사용하더라도 반 정도의 수분을 남기고
중간에 꺼내서 마무리로 자연 건조하는 걸 추천
해요. 자연 건조하면서 시보리 모양을 잡아 줘야
쭈글쭈글하지 않아요.

스타킹 속에 이걸
넣는다고?

줄어든 니트 다시 늘리기

니트를 늘리기 전 아래 3가지를 확인해 보세요. 하나라도 해당되면 복구가 안돼요. 사이즈가 많이 줄었거나 잡아당겨도 늘어나지 않는 니트, 딱딱해져서 스스로 서 있는 니트는 전문 업체에 맡겨도 복구가 어려워요.

• 잡아당겼을 때 잘 늘어나지 않나요?

• 원단이 딱딱하지 않나요?

• 두 사이즈 이상 줄어들었나요?

① 엉킨 섬유 조직을 끊어 내기 위해 뒤집어서 보풀 제거기로 보풀을 제거해요. 이 과정은 생략해도 괜찮아요.

② 대야에 30℃ 미지근한 물을 받아 섬유유연제, 극손상용 트리트먼트를 넣고 잘 풀어 줘요. 꼭! 극손상용 제품을 넣으세요.

③ 니트를 반듯하게 접어 5분간 담갔다가 늘려 주세요. 상태에 따라 10~20분 동안 푹 담그며 중간 중간 여러 번 옷을 늘려 주세요.

✔ 30분 이상 담그면 섬유가 너무 많이 늘어나니 주의하고 절대 1시간 이상 담그지 마세요.

④ 절대 비틀어 짜지 말고, 꾹꾹 눌러서 물기를 제거해요. 펼친 수건 2장 사이에 넣어 다시 한번 물기를 제거해요.

⑤ 물이 아직 떨어지기 때문에 옷걸이에 걸어 욕실에서 말려요. 기장, 품, 소매를 쭉쭉 당기며 수시로 늘려 주세요. 밑단을 긴 집게나 바지걸이로 집어서 모양을 잡아 줘도 좋아요. 이때 작게 자른 뽁뽁이를 같이 집으면 옷에 집게 자국이 남지 않아요.

⑥ 스팀 다리미로 다리며 옷을 늘리는 것도 방법이에요.

⑦ 물기가 어느 정도 없어지면 그늘진 곳에서 수시로 잡아당기며 자연 건조해요.

니트 늘릴 때 확인하는
3가지

망한 니트 이게
마지막입니다

줄어든 울 스웨터
복구 방법

✔ 니트 보풀 관리법

무조건 보풀 제거기를 사용하지 말고, 품질 라벨의 혼용률부터 확인한 다음 알맞은 방법으로 제거해 보세요. 니트는 부드럽고 섬세한 말모 솔을 사용해야 한 올 한 올 살아나요.

① 울, 캐시미어, 라쿤 니트 (털이 긴 니트 포함)

• 손에 잡히는 보풀을 뜯지 말고 가위로 잘라 내요.

• 말모 솔로 빗겨 주세요.

② 아크릴, 폴리에스터 등 화학 섬유 니트

• 보풀 제거기를 바로 사용하되 작은 원을 그려가며 굴리듯이 보풀을 제거해요.

• 마지막에 꼭 말모 솔로 빗어 올을 정리해 주세요.

③ 보풀 제거기 사용법

딱딱한 바닥에서 사용 금지! 옷을 손바닥 위나 쿠션 위, 러그 위에 올려 두고 보풀 제거기를 누르지 않고 굴리듯이 사용하세요. 보풀 제거기를 구입할 땐 꼭 칼날을 별도 구매할 수 있는 제품인지 확인하고 여러 번 사용하면 칼날을 교체해 주세요. 전기 충전식 보풀 제거기 중 충전 중에도 작동하는 제품을 추천해요.

③ 울 코트

울은 섬유 특성상 자주 드라이클리닝 할수록 옷의 수명이 짧아질 수 있어요. 오염이 깊게 박히지 않기 때문에 평소에 잘 관리하면 오염도 미리 제거하고 오래 입을 수 있답니다. 드라이클리닝은 음식물이나 생활 오염까지 지워지지 않으니 세탁소에 옷을 맡길 때 오염 위치를 미리 알려 주고 찾아올 때도 지워졌는지 꼭 확인하세요.

울 코트 세탁

세탁

✔ 이 방법은 세탁소에서는 거절당했을 때 하세요. 단, 원단이 뻣뻣해지거나 줄어들 수 있어요.

• 단추를 채워 주세요. 세탁망은 마찰을 일으켜 보풀의 원인이 되니 사용 금지!

• 세탁기에 넣고 울 전용 세제 10ml, 섬유유연제를 넣어 주세요.

• 스피드워시 혹은 쾌속코스 | 30℃ | 헹굼 2회 이하 | 약탈수 로 세탁해 주세요.

울코스로 돌리면 물에 잠긴 시간이 길어 형태가 변형될 수 있고 찬물은 옷이 줄어들 수 있어요.

건조 세탁이 끝나면 그늘진 곳에 하루 정도 자연 건조 해 주세요.

울 코트 세탁기에
돌리세요

울 코트 오래 입는 습관

모직 바지, 울 목도리도 이렇게 관리해 보세요.

① 외부에서 코트를 벗을 때 안감이 겉으로 오도록 접어 주세요. 먼지, 냄새, 얼룩으로부터 보호할 수 있어요.

② 깔고 앉지 마세요. 엉덩이 부분만 납작해지고 늘어날 수 있어요.

③ 주기적으로 스크레이퍼와 천연 옷솔(돈모 솔)로 빗겨 주세요. 결이 정리되고 보풀이 사라져요. 울 섬유 특성상 오그라드는 성질이 있어 옷에 먼지와 보풀이 끼게 돼요. 이럴 때 분무기로 물을 뿌린 뒤 스크레이퍼를 옷 아래 방향으로 긁어내고 돈모 솔로 빗으며 결을 정리하면 좋아요. 천연 솔을 사용해야 정전기가 생기지 않으며, 탄성이 좋고 빳빳한 돈모를 추천해요. 끈적한 돌돌이는 울 섬유의 털을 다 일으켜서 오히려 보풀의 원인이 되니 되도록 사용하지 마세요.

④ 옷걸이에 걸 때 칼라를 꼭 세워 주세요. 접힌 부분만 닳거나 변색할 수 있어요.

⑤ 소매, 밑단, 칼라 끝 등 보풀이 일어난 곳은

울 코트에 무조건
이거 금지!

보풀 대박 코트
찾았어요!

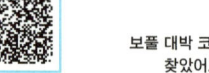

보풀 제거기로 살살 제거해 주세요.

① 샤워 후 촉촉한 욕실에 울 코트를 걸어요.

② 커피포트에 물 500ml와 백식초 반 컵을 넣고 코트 아래에 둔 뒤 뚜껑을 열고 끓여요.

③ 그대로 욕실 문을 닫아 주세요. 아침이면 삼겹살 냄새 싹 날아가요.

10년 된 울 코트
새옷 만드는 비법

울 코트 망치는
3가지 습관

울 코트
삼겹살 냄새

핸드메이드 코트 관리법

〈핸드메이드〉는 보온성은 높이고 두께와 무게는 줄이기 위해 두 가지 원단을 바느질해 하나의 원단으로 만드는 방식이에요. 예전에 이름 그대로 사람이 직접 바느질했지만, 요즘은 특수 재봉틀로 작업해요. 울, 캐시미어 등 고급스러운 소재 두 가지를 사용해 얇고 가벼운데 포근한 것이 특징이에요.

보통 이 원단을 사용한 코트 소매에 〈HANDMADE〉라고 적힌 라벨이 붙어 있어요. 좋은 원단을 까다로운 공정으로 만든 양질의 제품이라는 표시로 소비자들이 쉽게 알아볼 수 있도록 눈에 잘 띄는 곳에 붙이죠. 제거하는 게 맞지만 안 떼도 상관없어요. 드라이클리닝은 1년에 1~2회가 좋아요. 너무 자주 드라이클리닝을 하면 코트의 윤기가 떨어지기 때문에 오염이 묻었을 경우나 꼭 필요할 때만 세탁하는 것이 좋아요. 일반 코트에 비해 상대적으로 약해 매일 입기보단 다른 코트와 번갈아 가며 입어 주세요. 코트가 자연스럽게 회복할 수 있는 시간을 주며 옷걸이에 잘 걸어 두기만 해도 더 오래 입을 수 있어요.

핸드메이드 라벨
떼? 말아?

④ 인조 무스탕

무스탕을 세탁기에 돌린다고요? 네! 인조 무스탕은 폴리에스터 합성 섬유, 쉽게 말하자면 석유를 면직물 형태로 얇게 직조한 플라스틱으로 만든 옷이거든요. 그래서 굳이 드라이클리닝 맡길 필요 없이 집에서도 쉽게 물세탁할 수 있어요. 단, 다른 색이나 소재의 배색이 있다면 세탁소에 맡기세요.

147

애벌빨래 우선 얼룩진 부위에 피퍼 얼룩 제거제와 물을 뿌리고 솔질해요.

세탁

• 단추를 잠그고 소매나 칼라 등 접힌 부분을 편 다음 세탁기에 넣어요. 중성세제 넣고 **표준코스 | 30°C | 헹굼 4회 | 중탈수** 로 돌려 주세요.

• 섬유유연제를 넣고 **헹굼 1회 | 중탈수** 로 한 번 더 돌려 헹궈 줘요.

건조

• 어깨가 있는 옷걸이에 걸어 그늘진 곳에 말려요. 중간에 한 번 뒤집어 말려 주세요.

• 안감 털은 애견 브러쉬로 결을 정리하면 옷결이 부드럽게 정리되고, 세탁 후 생긴 구김은 스웨이드 브러쉬로 빗겨 준 뒤 손으로 쓱 쓰다듬으면 사라져요.

인조 무스탕 세탁법

⑤ 기모

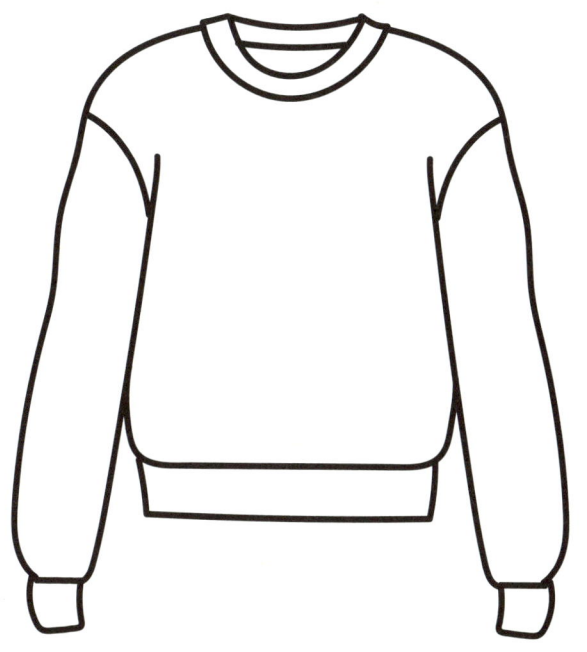

이가 시리도록 추운 겨울철에 꼭 찾게 되는 기모
맨투맨과 기모 바지. 어떻게 세탁하고 계세요?
피부와 닿는 기모 사이사이에 각질 또는 먼지들
이 끼기 쉽기 때문에 뒤집어서 세탁하는 게 가장
중요해요.

세탁

• 반드시 기모 부분을 바깥으로 뒤집어서 세탁해요.

• 중성세제를 넣고 스피드워시 | 찬물 | 헹굼 추가 |
중탈수 로 단독 세탁해요.

✔ 가루 세제 금지! 기모 속에 가루 세제가 남아 피부염을 유발
할 수 있어요. 중성세제나 액상 세제만 사용해요.

✔ 세탁망 사용 금지! 세탁망은 먼지의 배출을 막아요. 먼지와
보풀이 많은 기모 옷을 세탁망에 넣으면 안에서 빠져나가지 못
한 찌꺼기들이 뭉칠 뿐만 아니라 기모가 세탁망과 마찰하여 보
온성이 떨어져요.

• 헹굴 때 섬유유연제나 식초, 구연산을 추가해
중화시켜 주세요.

건조 건조기는 민감코스 로 10~15분 돌리다가 중
간에 꺼내서 자연 건조하면 변형 없이 입을 수 있
어요.

✔ **기모 맨투맨이 줄어 들었다면?**
세탁기에 넣고 헹굼 1회 | 약탈수 로 돌려요. 논슬립 옷걸이에
걸어 자연 건조 하는데 목이 늘어날 수 있으니 목선을 좁혀서
걸어 주세요.

줄어든 기모 맨투맨,
이 방법 뿐!

이렇게 세탁하면
피부병 걸려요

⑥ 폴라폴리스

보통 후리스라고 많이 부르죠? 폴라폴리스는 화학 섬유인 폴리에스터나 아크릴 섬유로 만들어져요. 실이나 원단을 기계 빗으로 부풀려서 인공적으로 보풀을 만들고 털 길이를 일정하게 자른 뒤 고정하기 위해 화학 마감재를 뿌려요. 이 털 사이사이 공기층이 형성되어 가볍고 보온성이 뛰어나답니다. 그런데 정전기가 많이 생겨서 세탁하면 오그라들고 보풀도 많이 나는 게 단점이에요.

애벌빨래 지퍼를 채운 뒤 소매, 팔꿈치 등 오염이 많은 부위에 세제나 비눗물을 묻혀 옷솔이나 고무장갑 낀 손바닥으로 살짝 비벼 주세요.

세탁 세탁기에 중성세제와 섬유유연제를 넣은 뒤 **울코스 혹은 섬세코스 | 30℃ | 헹굼 3회 | 중탈수** 로 단독 세탁합니다. 오염이 없다면 찬물로 세탁해도 돼요.

✔ 세탁망 절대 금지! 보풀의 원인이 돼요. 부속이 많으면 뒤집어서 넣어 주세요.

✔ 가루 세제 금지! 물에 녹지 않고 섬유 사이사이에 박혀 잔류할 수 있어요.

✔ 무조건 단독 세탁! 특히 어두운 옷과 절대 같이 세탁하지 마세요. 털 빠짐과 보풀이 일어나요.

건조 세탁이 끝나면 **자연 건조** 해요. 건조기는 마찰과 정전기가 생겨 보풀이 일어날 수 있어요. 급하게 말려야 할 땐 건조기의 **송풍** 이나 **저온 건조** 로 말려요.

✔ 털이 뭉친 경우 애견 브러쉬보다 스크레이퍼로 빗어 주세요.

✓ 꼭 기억하세요!

• 알칼리성 세제 금지

• 강탈수, 고온 건조 금지

• 세탁망 금지

• 장기 보관할 땐 옷걸이

✓ 특정 브랜드에서 무료 또는 5,000원 정도로 보풀을 정리해 주는 시스템이 있어요. 구입한 브랜드에 문의해 보세요.

보풀 제거 공짜라고?

⑦ 스키복

스키복은 웬만하면 세탁하지 마세요! 세탁할수록 코팅과 방수 기능이 떨어지거든요. 얼룩에 강한 소재이기 때문에 얼룩이 있는 부분만 물수건으로 닦아 주는 게 가장 좋아요. 물티슈는 성분으로 인해 얼룩이 남을 수 있으니 사용하지 마세요. 만약 세탁하더라도 1년에 1회 정도가 적당해요.

절대 세탁하면 안되는
스키복 세탁법

세탁

• 아웃도어 전용 세제인 다운와셔를 아주 조금 넣어 주세요.

• 지퍼와 스냅을 모두 채운 뒤 세탁기에 넣어요.

• **물 온도 20℃ 미만 | 헹굼 3회 | 약탈수** 로 빠른 시간 내에 세탁합니다.

건조 눕혀서 **자연 건조** 로 2일 이상 바싹 말려 주세요. 급할 땐 헤어드라이어로 안감 먼저 말리면 옷이 금방 말라요.

✔ 보관할 때 옷걸이에 걸지 말고, 접어서 습기 제거제와 함께 보관하면 좋아요.

✔ 스키복에 절대 금지

• 알칼리성 세제
• 섬유유연제
• 고온 세탁
• 강탈수
• 열 건조

⑧ 모피, 털

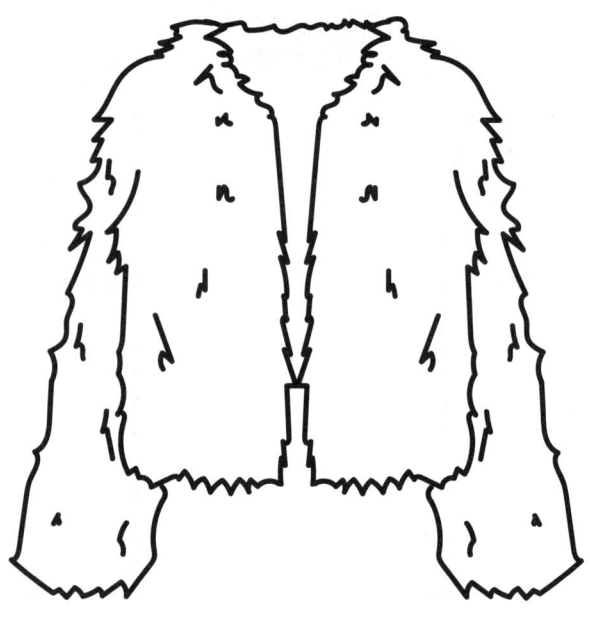

모피 목도리, 모피 코트, 퍼 재킷 모두 따뜻할 뿐만 아니라 멋 부리기도 좋은 겨울철 외투예요. 이런 천연 털은 물세탁하면 뻣뻣해지는데 입다 보면 냄새가 나기 시작하고 접힌 자국도 생겨서 관리가 필요한 순간이 언젠가 찾아와요. 이때 털도 살리고 소독도 할 수 있는 방법을 알려 드릴게요. 특히 후드 털이나 모피 목도리는 얼굴과 제일 가까우니 세탁은 못해도 가끔 이 방법으로 관리해 주면 좋아요.

① 물, 섬유유연제, 에탄올을 1:1:1 비율로 섞어 주세요. 섬유유연제는 정전기를 방지해 오염을 줄여 주고, 에탄올은 소독을 도와 줘요.
② 분무기에 넣고 흔들어 섞은 뒤 뿌려 주세요. 이때! 꼭 마스크를 착용하고 창문을 열어 주세요.
③ 드라이기 냉풍(찬바람)으로 잘 말려 줘요.
④ 마지막으로 결이 살아나도록 애견 브러쉬로 빗어 주세요.

모피 목도리
세탁법

이거 물세탁하면
큰일나요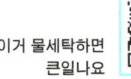

⑨ 어그 부츠

어그 부츠는 겨울에 엄마와 아이 모두 즐겨 신는 신발이죠. 특히 눈 오는 날 많이 신다 보니 금세 더러워질 수 있어요. 얼룩이 심한 어그 부츠도 살려 내는 세탁 방법 딱 알려 드릴게요.

① 오염이 많을 때

손세탁

• 솔로, 전체적으로 흙을 털어 내요.

• 대야에 꼭 찬물을 받아 중성세제와 백식초 소량을 부은 뒤 잘 섞어 줘요. 찬물과 식초는 가죽의 색 빠짐을 방지해 줘요. 피퍼 세제라면 식초를 안 넣어도 돼요.

• 부츠를 푹 담근 뒤 바로 부드러운 세탁 솔로 비벼 줘요. 너무 박박 솔질하면 가죽이 뻣뻣해질 수 있으니 주의해야 해요.

• 헹구면서 얼룩이 남았는지 확인하고 다시 솔질과 헹굼을 반복해요. 어그 부츠는 충분히 헹궈야 얼룩지지 않아요.

• 마지막 헹굼에 섬유유연제, 백식초를 물에 풀어 줘요. 섬유유연제가 세탁하면서 빠진 양털의 기름기를 채워 줄 거예요.

건조

• 수건을 부츠 속에 1개씩 넣고 다른 수건으로 한 짝씩 둘둘 감아 줘요. (총 4개의 수건이 필요해요.)

• 딱 맞는 세탁망에 넣고 세탁기 중탈수 로 돌려

쥐요.

• 반드시 그늘진 곳에 자연 건조 한 후 털 뭉침은
애견 브러쉬로 살살 빗어 주고 스웨이드 솔로 결
을 정리하며 빗어 줘요.

② 오염이 많지 않을 때

• 솔로 흙을 털어 내요.

• 피퍼 세제를 물에 희석한 후 스펀지에 적셔 겉
을 닦아요. 깨끗한 스펀지를 물에 적셔 여러 번
닦은 후 말려 주세요.

✓ 스웨이드 전용 세제도 있으니 구입해서 쉽게 사용해 보세요.

어그 살리는
2가지 세탁법

15년 된
어그 살리기 대작전

어그 부츠
10분 세탁법

사계절

티셔츠, 양말, 속옷 등 사계절 내내 입는 옷들을 세탁하는 방법은 항상 기억하고 있어야겠죠? 흰 옷은 더 하얗게, 색이 있는 옷은 더 선명하게 관리할 수 있는 방법을 알아보세요.

① 티셔츠

티셔츠는 봄, 여름, 가을, 겨울 계절 무관하게
자주 손이 가는 옷이에요. 자주 입는 만큼 세탁
도 자주 하게 되는데 자칫하면 이염되기 쉬우니
반드시 흰색과 검은색은 분리해서 세탁하세요.
나머지 색깔은 이염 시트 사용하는 걸 추천해요.
티셔츠를 구매할 때부터 다른 색의 배색이 들어
간 옷을 구매하지 않는 게 가장 안전해요.

면 티셔츠 목이 늘어났어요

• 목선 부분만 끓는 물에 5분 담가 주세요. 뜨거운 수증기에 손이 델 수 있으니 꼭 고무장갑을 착용해요. 건조기에 건조한 뒤 다리미로 목 부분을 한번 더 다려 주면 깔끔해져요. 면 라운드 티셔츠에만 해당되는 팁이에요.

• 평소에 옷을 걸 때 옷걸이를 목 부분이 아니라 밑단으로 넣는 습관을 지녀야 해요.

• 니트 목 부분이 늘어졌을 땐 물과 알코올을 1:1로 섞어 분무기로 뿌린 후 다려 주세요. 너무 늘어졌다면 수선을 추천해요.

✔ 줄어든 티셔츠 복구하기

① 논슬립 둥근 어깨 옷걸이에 티셔츠를 걸어요. 욕실에서 티셔츠 앞뒷면에 샤워기로 물을 충분히 뿌려 주세요.

• 둥근 어깨 옷걸이는 목 늘어남과 어깨 뿔을 방지해 줘요.

② 욕실에서 1시간 말린 뒤 그늘진 곳에서 자연 건조해 주세요.

• 평소 아무리 급해도 옷걸이를 옷의 목으로 절대 집어넣지 마세요. 티셔츠 밑단으로 옷걸이를 넣어야 목이 늘어나지 않아요.

목 늘어난 면 티셔츠
100% 복구 팁

흰색 티셔츠

세탁

- 흰색 티셔츠만 모아서 세탁기에 넣고 오투와셔, 약알칼리성 세제를 넣은 다음 **표준코스 | 60℃ | 중탈수(건조기 사용 시 강탈수)** 로 돌려 주세요.

- 5분 정도 돌리다가 〈일시 정지〉를 누르고 1시간 정도 방치해요. 오염이 많다면 미지근한 물에 오투와셔와 세제를 희석해서 하루 담근 후 세탁하세요.

건조 평소엔 건조기로 말리지만 누렇게 변한 옷들은 **햇빛 건조** 가 도움이 돼요. 살균과 냄새 제거에도 좋답니다. 그렇다고 햇빛에 너무 오래 방치하지 마세요.

✔ 이염된 흰색 티셔츠 살리기

세탁기에서 꺼내자마자 이염이 확인되면 미지근한 물에 오투와셔와 세제, 이염 시트 2~3장을 넣고 하루 담근 후 건져 세제를 넣고 표준코스로 돌리세요. 이염 후 바로 얼룩을 제거해야 해요. 청바지 이염은 피퍼 얼룩 제거제를 사용하세요.

✔ 누렇게 변한 티셔츠

대야에 물을 가득 담아 세제 조금과 오투와셔 1봉을 잘 녹여 주세요. 흰 티셔츠를 넣고 물에 충분히 잠기도록 세제 통 등 무거

운 물건으로 눌러 주세요. 오염 정도에 따라 6~24시간 방치해요. 표준코스 | 60℃ 로 세탁해 주세요. 줄어드는 옷이라면 물온도 40℃를 권장해요. 오투와셔를 사용할 땐 항상 헹굼 1회를 추가하세요.

누런 티셔츠 살리는
3가지 팁

작년에 입은
누런 티셔츠 살리기

흰 티셔츠 이염 방지
세탁법

검은색 티셔츠

세탁 검은색 옷만 모아 세탁기에 넣고 중성세제를 넣은 다음 표준코스 | 찬물 | 중탈수(건조기 사용 시 강탈수) 로 꼭 단독 세탁해 주세요.

✔ 색이 바래질 수 있는 과탄산소다, 가루 세제 사용 금지!

건조 햇빛에 말리면 색이 바랠 수 있으니 그늘진 곳 에서 말리거나 건조기로 돌려 주세요.

✔ 허옇게 변한 검은색 티셔츠 살리기

평소엔 피퍼 세제를 넣고 찬물로 단독 세탁해요. 너무 허옇게 변했을 때는 세제와 블랙 시트 3장을 넣어요. 3장 이상 넣어야 효과가 있어요. 100% 복구는 어렵지만 예전보다 검은색이 조금 돌아오는 방법이에요.

블랙 시트 사용한 다음 꼭 세탁조 청소 후 세탁기를 사용하세요. 흰색 옷을 세탁하면 블랙 시트의 잔여물이 흰색 옷에 이염될 수 있어요.

검정 면 티셔츠에 절대로
해서는 안되는 3가지
세탁법

검정 티셔츠 입는 분
이 영상 꼭 보세요

허옇게 된
검정 티셔츠는 이것!

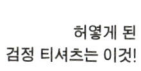

② 데님

데님 원단의 색을 오래 유지하려면 자주 세탁하지 말고, 되도록 찬물과 중성세제로 최대한 짧은 시간 내에 세탁해야 해요. 또 얼룩이 묻었을 때 한 부위만 집중적으로 솔질하거나 비비면 색이 빠질 수 있으니 주의해야 하고요. 청바지, 청재킷 세탁 및 관리 방법까지 모두 정리해 드릴게요.

• 냄새가 나나요?

청바지 염료는 다른 염료에 비해 독해요. 가공이 덜 돼서 냄새가 남는 경우 한번에 냄새를 빼기 어렵고 몇 달이 걸릴 수도 있어요.

• 품질 라벨을 보세요. 폴리우레탄 함량이 4% 이상인가요?

뻣뻣한 청바지를 좀 더 편하게 만들려고 폴리우레탄(스판덱스)을 넣는데 2~3% 함량이 적당하고 4% 이상이면 늘어지는 경우가 있어요. 서 있는데 앉은 것 같은 무릎 나온 바지를 사고 싶지 않다면 품질 라벨을 꼭 확인하세요!

• 가죽 라벨이나 다른 색이나 소재의 배색이 있나요?

세탁 시 이염될 확률이 높으니 주의하세요.

데님 세탁법

- 고온 세탁과 고온 건조는 피하세요.
- 가죽 라벨이 있으면 물빠짐이 심하니 주의하세요.

세탁 세탁기에 중성세제를 넣고 `빠른 세탁 | 찬물이나 30°C 이하 | 중탈수` 로 돌려요. 마지막 헹구는 단계에서 섬유유연제를 넣어 주세요.

✔ **진청색 데님일 경우 되도록 찬물로 세탁하세요**

건조 건조기 `섬세코스` 로 돌리거나 자연 건조해 바짝 말려 주세요.

데님 냄새, 얼룩 제거

애벌빨래 대야에 미지근한 물을 받아 오투와셔와 세제를 푼 물에 하루 정도 담그세요. 만약 가죽 라벨이 붙어 있다면 떼고 세탁하는 게 좋아요.

세탁 그대로 건져서 세탁기에 넣고 **표준코스 |** **30℃ 이하 | 중탈수** 로 돌려요.

건조 건조기 **섬세코스** 로 돌리거나 자연 건조해 주세요.

냄새, 얼룩 심한
청바지 세탁법

청바지 무릎이 나왔을 때

물과 소주를 1:1의 비율로 분무기에 담아 잘 흔들어요. 청바지의 튀어나온 부분을 손수건으로 덮고 스프레이를 뿌려 준 뒤 다려 주세요. 소주의 알코올 성분에 열을 가하면 탄력성이 생겨 청바지 원단이 줄어들어요. 면바지나 트레이닝 바지의 늘어난 부분에도 똑같이 적용할 수 있어요.

✔ 뜨거울 때 입으면 다시 늘어나니 꼭! 식힌 다음 입으세요.

이제부터 청바지엔 소주

청바지에서 냄새가 날 때

데님 원단 특성상 습기를 빨아들이고 냄새를 흡수하는 특징이 있어요. 세탁해도 냄새가 난다면 청바지를 돌돌 말아 비닐 팩에 넣어 6시간에서 1일 정도 냉장 보관을 해보세요. 단, 세탁했다면 완전히 마른 다음에 냉장 보관하세요. 덜 마르면 오히려 냉장고 냄새를 청바지가 다 흡수할 수 있어요.

따라하다 보면 한방에
끝나는 냉장 보관 청바지

보관할 때 주의 사항

- 흰 티셔츠와 같이 보관하면 이염될 수 있으니 꼭 청바지끼리 보관해 주세요. 특히 진한 청바지일수록 주의!
- 진한 청바지 이염 시 피퍼 얼룩 제거제가 효과적이에요.

③ 속옷

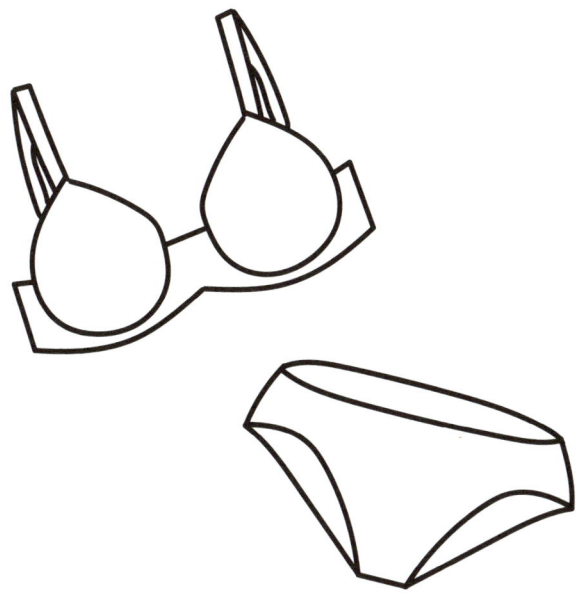

레이스나 와이어가 있는 속옷은 손세탁해야 형태
가 오래 유지돼요. 이때 찬물 세탁은 금지! 헹굼
과 건조를 제대로 안 하면 요로 감염과 질염의 원
인이 될 수 있어요.

손세탁이 귀찮다면 다이소나 쿠팡에서 속옷 전용
세탁망을 이용해 보세요. 세탁망과 세탁기를 사
용한다고 안심은 금물! 세탁 전 애벌빨래와 헹굼

을 꼭 추가하세요.

생식기는 독소 흡수율이 42배나 높아 속옷 세제에 더욱 신경을 써야 해요. 천연 성분을 주로 사용한 피퍼 세제를 추천해요.

④ 양말

흰 양말 소생법

흰 양말 바닥 오염은 단순한 오염이 아니라 미세 먼지와 카본, 땀, 피지가 섞여 있어 세탁 세제만 으로 잘 안 빠져요. 이때 오투와셔가 도움이 돼 요. 없을 땐 과탄산소다도 가능해요.

① 오투와셔와 세제를 미지근한 물에 풀어 준 뒤

양말을 담가 비벼 주거나 솔질을 하세요.
② 그대로 두었다가 다음 날 세제를 넣고 물 온도 60℃로 세탁기에 돌리면 깨끗해져요.

세탁소 아저씨가 알려 준
흰 양말 소생법

까매진 탄광촌 양말

너무 까매진 탄광촌 양말은 세탁기에 돌리고 과탄산소다로 삶아도 잘 안 지워지는 경우가 있어요. 과탄산소다는 산화 표백제로 음식물, 몸에서 나온 오염을 지우거든요. 탄광촌 양말처럼 흙, 먼지, 카본 오염이 묻었다면 물리적 힘이 필요해요. 빨랫비누나 오투와셔와 세제로 30분 불려 준 뒤 빨래판에 박박 손세탁해 주세요. 그다음 삶지 말고, **40℃ | 표준세탁** 해 주세요.

검정 양말, 흰 줄 예방법

검정 양말 가운데 흰 줄은 세탁 시 마찰로 인해
생기고, 한번 생긴 흰 줄은 복구할 수 없어요.
① 검정 양말을 모두 뒤집어 먼지를 떼어 줘요.
② 세탁망에 넣고 세탁해요.
③ 건조 후 양말을 접을 때 발등 가운데가 접히지
않고 평평하도록 신는 방향으로 접어 주세요.

검정 양말
가운데 흰 줄 예방법

⑤ 교복

청소년기에는 호르몬 분비가 왕성해져 땀과 피지가 많이 생겨요. 몸에서 나온 땀과 피지는 드라이클리닝으로 절대 제거되지 않아요. 교복을 매번 세탁소에 맡기면 시간도 소요되어 최소 두 벌은 있어야 하고요. 그러니 집에서 간편하게 세탁하세요! 몸에 직접 닿는 셔츠는 최소 두 벌 구매해 수시로 세탁하면 좋아요. 그래야 때도 더 잘 빠져요.

애벌빨래 얼룩이 있는지 미리 확인 후 얼룩 부위를 먼저 애벌빨래해 주세요. 오래된 목때는 오투와셔와 세제를 섞어 발라 솔질하세요.

세탁 세탁기에 중성세제를 넣은 뒤 울코스 로 세탁해요. 재킷에 붙은 와펜, 부속은 모두 떼어 내고, 만약 탈부착이 안 된다면 세탁망에 넣고 돌려 주세요.

건조 상의는 어깨가 있는 옷걸이에, 바지는 바지걸이에 걸어 자연 건조 해요. 손으로 잘 펴주면 구김이 덜 해요.

⑥ 한복(폴리에스터)

어른들이 입는 실크 한복이 아닌 유아용 폴리에스터 한복 세탁법이에요.

✓ 실크는 꼭 세탁소에 맡겨 주세요.

애벌빨래 음식 얼룩이 있다면 주방 세제와 식초를 1:1로 섞어 바른 후 세탁 솔로 살살 비비고 물로 씻어 주세요.

✓ 음식 얼룩에 절대 물티슈 사용 금지! 얼룩이 더 커질 수 있어요. 밖에선 물수건으로 닦고 집에선 최대한 빨리 세탁하세요.

세탁 세탁기에 중성세제를 넣고 울코스 ㅣ 30℃ ㅣ 헹굼 3회 ㅣ 약탈수 로 돌려요.

건조 건조기 사용은 무조건 금지! 옷걸이에 걸어 그늘진 곳에 자연 건조 하면 다릴 필요도 없어요. 음식 얼룩이 남았다면 햇빛에 말려서 날릴 수 있어요. 2일 이상 놔두면 색이 바랠 수 있으니 주의해 주세요.

⑦ 운동복

요즘 운동복은 세분화되어 있어 기능도 다 달라요. 알칼리성 세제로 세탁하면 기능성이 떨어지니 꼭 기능성 세제를 이용해 세탁하세요. 고온 세탁은 가급적 피하고 운동 즉시 세탁해야 냄새나 땀 얼룩이 남지 않아요. 원단에 따라 물 빠짐이 심할 수 있으니 색깔별로 세탁하고 배색 있는 옷은 특히 이염을 주의하세요.

✔ 기능성이 우선이면 다운와셔를 추천! 태권도복이나 유도복 등 땀 얼룩이 심한 흰색 운동복은 꼭 오투와셔와 세제를 사용하세요.
① 미지근한 물에 오투와셔와 세제를 섞어 하루 담근 후 세탁하거나
② 오투와셔 1~2봉과 세제를 넣고 60℃로 세탁하세요. 오투와셔를 넣었을 땐 헹굼 추가를 해주세요.

STEP 2. 미쳐라, 하지만 비장해지진 말자

믿지 못하겠지만 난 집순이다.

대부분의 내 팔로워들은 안 믿지만 영상에서 내가 아주 바빠 보였다면 성공이다. 영상을 올린다는 건 어려운 일이다. 빠르게 스치는 영상이지만 엄청난 시간과 공이 들어간다. 대부분의 아줌마 인스타그래머는 영상뿐 아니라 애들 보살핌에 살림까지 병행해야 한다.

일명 〈홈직장맘〉.

계정을 운영하는 분 중 하루 3~4시간밖에 못 자는 분들도 많다. 왜? 한 번이라도 해본 사람만이 안다. 영상을 올리고 〈좋아요〉가 눌리고 댓글이 달리는 재미는 겪어 본 사람만이 안다. 하지만 시간에 쫓기고 일에 파묻힌다.

밖으로 나가자.

나는 눈을 뜨고 잠들 때까지 생각한다. 순간을 포착하기도 하도 영상으로 풀어 정보를 알리기도 한다. 내 생활을 올려 공감대를 만들기도 한다. 사실 눈 떠 있는 모든 시간 동안 콘텐츠 주제를 찾는다. 그래서 일부러 나간다. 사람 많은 곳을 찾는다. 맛집을 찾고, 애 학교 보내고 혼자라도 브런치를 먹는다. 신박한 아이템을 찾아보고 사기도 한다. 일부러 점심시간에 남편과 만나 밥을 먹기도 하고, 인터넷으로 쉽게 살 수 있는 책을 교보문고에 사러 가고, 새로 생긴 식당이나 카페를 간다. 왜? 콘텐츠를 찾는 거다. 18년간 디자이너로 일하며 직업상 시장 조사를 수없이 많이 했었다. 롯데, 신세계, 현대, 갤러리아 백화점을 하루에 다 돌고 서울뿐 아니라 도쿄까지 시장 조사를 꾸준히 다녔다. 봐야 보인다. 집 안에만 있는 게 아니라 커피 한 잔이라도 나가서 마셔라.

고민은 하되 걱정은 하지 말자.

많은 사람들이 시도도 해보지 않고 앉아서 걱정만 한다.

「이거 조회수 안 나오면 어떡해?」

「얼굴 나오면 언팔(언팔로우)되는 거 아냐?」

「사람들이 이걸 좋아할까?」

해보지 않으면 아무 일도 안 일어난다. 무조건 해봐라. 하지만 미리 겁먹지 말자.

예를 들어 주방용품을 들고 있는 나를 영상에 올린다고 하자!

「난 못생겼어.」

「주름이 많은데.」

「사람들이 날 싫어하면 어쩌지?」

「난 뚱뚱한데.」

하지만 의외로 사람들은 주름이나 뱃살에 관심이 없다. 오히려 들고 있는 행주나 처음 보는 수세미에 관심을 가질 뿐. 주름이나 뱃살을 기억하는 사람은 드물다. 간혹 주름과 뱃살로 악플을 단다고? 그것 또한 관심이라 생각하고 상처받지 말고, 유쾌하게 넘기자!

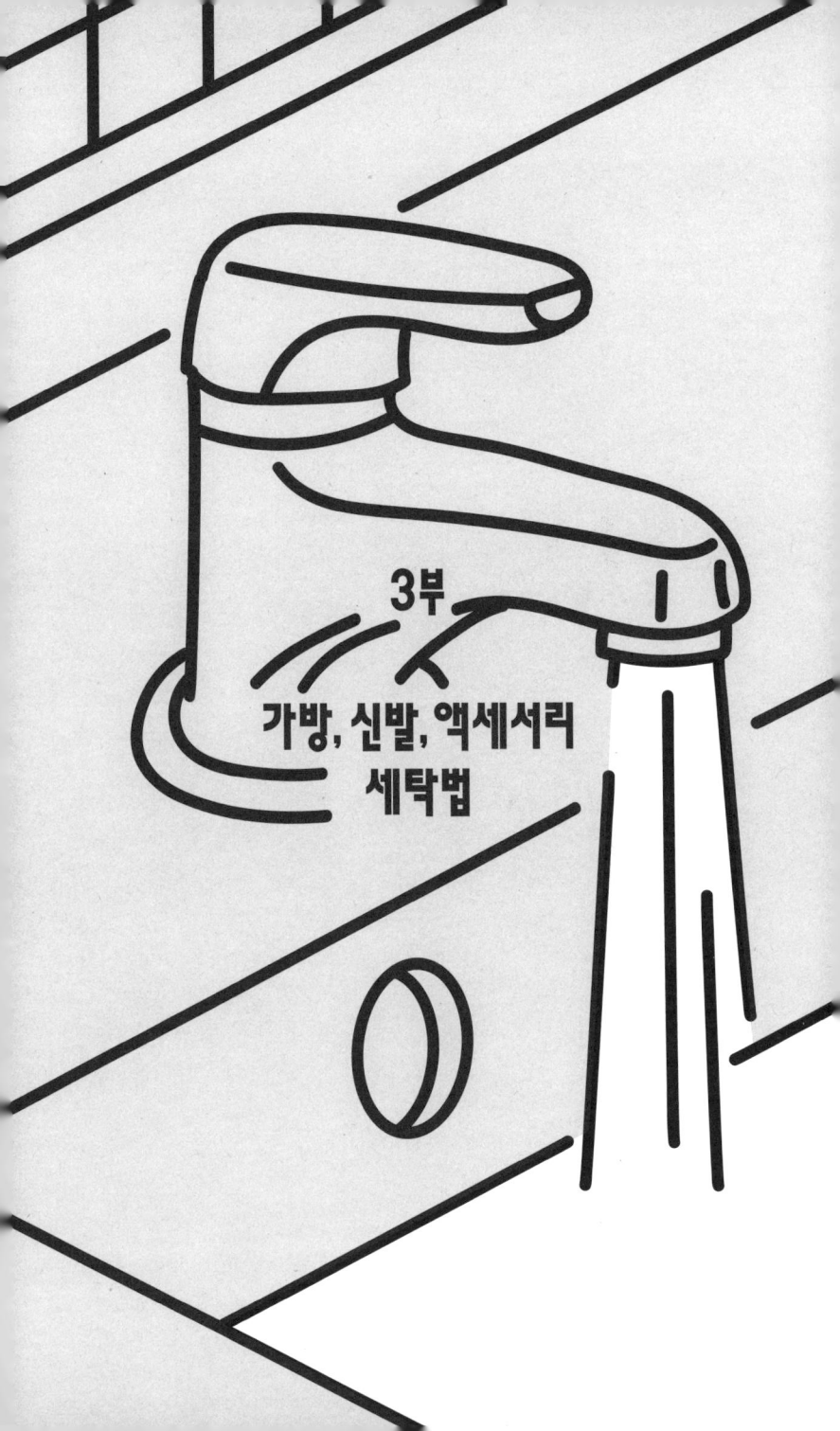

3부

가방, 신발, 액세서리
세탁법

가방

가방을 만들 때 사용하는 원단은 가죽, 나일론, 캔버스 등 다양해요. 얼룩과 오염이 있는데 전문점에서 안 받아 준다면, 마지막으로 집에서 원단 특성에 맞게 세탁해 볼 수 있어요. 세탁할 때 가죽이나 다른 색의 배색 디자인이 있는 제품이라면 가급적 세탁을 자제하고 세탁을 한다면 변형과 이염이 생기지 않도록 빠르게 헹구고 말려야 한다는 점은 항상 기억하세요!

① 나일론 가방

인공 합성섬유인 나일론은 천연섬유보다 가볍고
가격도 저렴하며 탄력성, 신축성, 내구성이 좋
아 구김도 없어요. 물을 잘 흡수하지 않고 복원
력도 좋고 벌레나 곰팡이에도 강하다는 장점이
있고요. 그래서 레저 스포츠용 옷이나 편하게 들
기 좋은 가방에 많이 사용되는 소재예요. 장점이
많지만 자주, 오래 들다 보면 아무래도 오염이

생기겠죠? 더러워진 나일론 가방은 앞으로 이렇게 세탁해 보세요.

✔ 나일론 꼭 기억하세요!

• 단독 세탁

변색, 오염, 기름때 등 이물질에 취약하고 이염이 잘 되기 때문에 꼭 단독 세탁해야 해요.

• 중성세제

또, 알칼리성 세제를 사용하면 황변 현상이 생기거나 변형될 수 있으니 반드시 중성세제를 사용하세요.

• 그늘에서 자연 건조

햇빛에 장시간 노출하면 변색할 수 있어 그늘진 곳에서 자연 건조하세요.

• 저온 세탁

열에 약하기 때문에 물 온도는 40℃ 미만으로 세탁하고, 열풍 건조는 금지예요.

• 흰색에 원색이나 검은색이 배색된 나일론 바람막이도 이염되기 쉬우니 될 수 있으면 배색이 있는 의류는 피해 주세요.

나일론 패디드 백
세탁법

전체가 나일론인 가방

애벌빨래

• 오투와서 1/2봉지와 피퍼 세제를 미지근한 물에 잘 섞어요.

• 나일론 가방을 10분 정도 푹 담가요.

✔ **가죽 배색이 있다면 담그지 마세요.**

• 부드러운 세탁 솔로 솔질해 주세요. 때가 잘 타는 지퍼, 모서리, 손잡이를 잘 솔질해요.

• 물에 헹굴 때도 꼼꼼히 솔질해야 해요. 섬유 사이사이 박힌 세제를 제거해야 말린 후에도 얼룩이 남지 않아요.

세탁 피퍼 세제와 섬유유연제를 넣고 세탁기에 울코스 로 돌려요. 부속이 달렸다면 세탁망에 넣어 주세요.

건조 그늘에 자연 건조 하세요.

프라다를 세탁기에
넣으라고?

손잡이가 가죽인 나일론 가방

손세탁

• 대야에 30°C의 미지근한 물을 받아 피퍼 세제를 희석해요. 만약 피퍼 세제가 없을 때는 중성 세제와 백식초를 잘 섞어 줘요. 백식초는 가죽의 물 빠짐을 줄여 이염을 방지하기 위해 넣어요. 피퍼 세제는 식초 성분이니, 추가로 식초를 넣지 마세요.

• 가방을 푹 담근 후, 바로 부드러운 세탁 솔로 솔질하세요. 특히 지퍼, 속주머니, 손잡이같이 때가 많이 타는 부분을 꼼꼼하게 해주세요.

• 물로 여러 차례 헹궈요. 이때 헹구면서도 계속 솔질해야 나중에 얼룩이 생기지 않아요. 가급적 가죽 부위는 물에 담그지 마세요.

건조 수건으로 물기를 제거한 뒤 가죽이 밑으로 향하게 거꾸로 세워서 그늘에서 자연 건조 해요. 꼭 거꾸로 세워서 말려야 가죽 염색물이 나일론 천에 이염되는 걸 방지할 수 있어요.

또는, 가방 속에 수건을 채워 넣고 전체를 수건으로 감싸 딱 맞는 크기의 세탁망에 넣어 세탁기

약탈수 로 한 번 돌린 뒤 **자연 건조** 해도 좋아요. 수건으로 감싸면 물기도 빨리 빠지고 수건에 1차 이염되어 가방이 이염되는 것을 막아 줘요.

말린 후 손잡이는 가죽 전용 크림으로 한번 닦으면 좋아요.

∨ 명품백 보관 방법

- 건조하고 통풍이 잘되는 곳에 보관해요. 직사광선이나 습기가 많은 곳은 금지!
- 항상 더스트백에 보관해 먼지를 막아 줘요.
- 처음 살 때 가방 안에 들어 있는 종이 충전재를 버리지 말고, 보관 시 그대로 넣어 모양을 유지해요.
- 가죽 가방은 주기적으로 가죽 전용 크림으로 닦아요. 전체를 꼼꼼하게 닦아 부드러운 천으로 마무리해 주세요.
- 장기간 사용하지 않을 때도 가끔 꺼내어 상태를 확인한 다음 가죽 전용 크림으로 닦아 주고 환기해 주세요.
- 너무 건조한 환경이면 가죽이 갈라질 수 있어요.

15년된
가죽 가방 살리기

롱샴 가방
10분 세탁법

② 캔버스 가방

동네 마실을 나가거나 피크닉을 갈 때, 또는 보조 가방이 필요할 때 캔버스 가방을 자주 들게 돼요. 또, 명품 브랜드 중 캔버스 소재에 가죽 배색을 넣은 디자인도 있고요. 가죽 배색이 있으면 이염이 생기기 쉽지만, 세탁소에서도 복구가 어렵다면 마지막 방법으로 집에서 직접 세탁해 보세요.

가죽 배색이 있는 캔버스 가방

손세탁

• 먼저 가방에 물을 뿌려 줘요. 가죽 배색이 있는 캔버스 가방은 이염되기 쉬우니 절대 물에 담그지 마세요.

• 중성세제 20ml와 오투와셔 1/2봉지를 가죽 부위가 아닌 캔버스에 뿌려요.

• 부드러운 세탁 솔로 솔질하고 그대로 30분~1시간만 방치해요. 너무 오래 두면 가죽에서 물이 빠질 수 있어요. 30분 후부터 물 빠짐이 없는지 틈틈이 확인해 주세요.

• 헹굴 때도 솔질하세요. 솔질을 잘해야 세제 얼룩이 남지 않아요.

건조

• 다 헹군 후 수건 위에 올려 물기를 제거한 뒤 가방 속에 수건을 말아 넣고 가방 전체를 수건으로 감싸요. 수건이 빠른 건조를 돕고 가죽에서 나오는 염색 물도 흡수하거든요.

• 딱 맞는 세탁망에 넣어 세탁기 중탈수 로 돌리고, 그늘에서 자연 건조 해 주세요.

✔ 하지만 가죽 배색은 이염이 심하니 구입 시 꼭 한번 더 생각해 보고 가급적 구입을 추천하지 않아요.

커피 쏟은 캔버스 백
10분 세탁법

소름 돋는 곰팡이
캔버스 백

20년 된
가죽 배색 캔버스 백

곰팡이 핀 캔버스 가방

애벌빨래

• 먼저 찬물에 곰팡이를 솔로 씻어 내요.

• 오투와셔 1봉과 세제를 섞어 바르고 솔질하세요.

• 만약 오투와셔가 없다면 베이킹소다와 백식초를 섞어 가방에 바른 후 솔질해 주세요. 컬러 배색이 없다면 베이킹소다 대신 과탄산소다나 오투와셔를 섞어서 바른 뒤 솔질해요.

✔ 과탄산소다나 세제를 풀어 담금할 때는 반드시 창문을 열고 장갑을 끼고 사용해 주세요. 밀폐된 공간에서는 절대 사용 금지!

세탁 물로 헹군 뒤 세탁기에 중성세제를 넣고 **울 코스 | 30℃ | 약탈수** 로 돌려 주세요.

건조 그늘에 **자연 건조** 하세요.

✔ 이 방법은 가방이 한 가지 소재와 한 가지 컬러일 때만 사용하세요.

곰팡이 범벅
캔버스 가방

③ 버킷 백

바구니 모양의 버킷 백은 소지품도 많이 들어가고 캐주얼하게 들기 좋은 가방이죠. 주로 나일론으로 만들어지는데 간혹 가죽 배색이 있는 디자인이 많아 세탁 시 이염이 되지 않도록 주의하고 재빨리 건조해야 해요. 아래 방법으로 집에서 세탁해 보세요!

손세탁

- 대야에 미지근한 물을 받아 베이킹소다 1컵과 중성세제를 잘 섞어 줘요.

  ✔ 체인이 있다면 가방이 흰색이라도 과탄산소다를 넣지 마세요! 부속품이 변색할 수 있어요.

- 가방을 푹 담가요. 이때 체인 등 탈부착할 수 있는 부속품을 모두 제거해 주세요. 가죽 배색일 경우는 담그지 말고 바로 세제를 발라 솔질하세요.
- 가죽 부분을 아주 부드러운 솔로 재빨리 솔질해요. 특히 가방 안쪽이 의외로 오염되기 쉬우니 꼼꼼하게 솔질하고, 손때 묻은 체인도 닦아 줘요.
- 물로 헹구면서 솔질을 많이 해주세요. 섬유 사이사이 박힌 세제를 다 빼줘야 얼룩이 남지 않아요.

건조 충분히 헹군 다음 수건으로 물기를 닦아 줘요. 특히 다른 소재가 배색되거나 색이 밝을수록 세탁 후 얼룩이 생길 확률이 높으니 헤어드라이어로 얼른 말리거나 날씨가 좋은 날 세탁하세요.

천 배색 가죽 버킷 백

④ 책가방 혹은 백팩

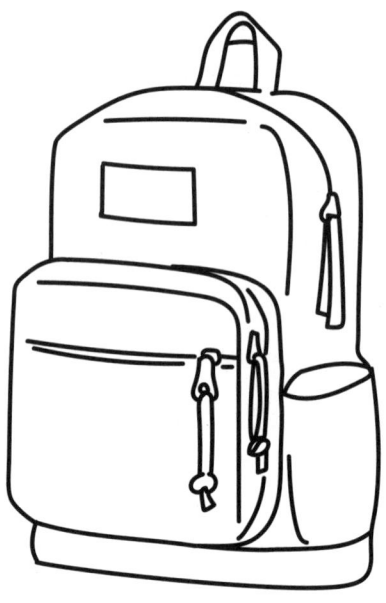

아이들이 매일매일 들고 다니는 책가방. 더러워
지기 쉬운데 주머니나 부자재가 많아 세탁이 까
다로워요. 집에서도 가능한 책가방 세탁법으로,
주기적으로 깨끗하게 관리해 주세요.

와이어가 있는 책가방

애벌빨래

• 가방 주머니에서 물건을 모두 꺼낸 뒤 지퍼를 모두 채워요.

✔ 특히 아이들 가방은 생각지도 못한 것들이 있을 수 있으니 꼭! 체크하세요.

• 물에 적신 다음 오염된 부분에 세탁 세제를 한 숟가락 부어 주세요.

✔ 가방에 가죽 배색이 있다면 이염을 막기 위해 세제에 백식초를 섞어 주세요.

• 고무장갑을 끼고 손바닥으로 오염 부위에 세제를 비벼 주거나 부드러운 솔로 솔질하세요.

세탁 30분 정도 불린 뒤 솔질을 꼼꼼히 한 후 헹궈 줘요. 이때 헹구면서 계속 솔질해야 해요.

건조 충분히 헹굼이 끝나면 지퍼를 열어 반그늘에 자연 건조 해요. 부자재가 많이 달려 있기 때문에 건조기는 사용하지 않는 게 좋아요.

책가방 세탁할 땐
이거 잊지 마세요

와이어가 없는 책가방

애벌빨래

• 미지근한 물에 오투와셔 1봉지, 피퍼 세제 약
간을 풀어 책가방을 5분 정도 푹 담가요.

✔ 밀폐된 공간에서 담금 세탁 금지! 꼭 창문을 열어 주세요.

• 구석구석 특히 때가 많은 부분들을 집중적으로
솔질해 주세요.

• 세탁기에 세제 없이 넣고 **표준코스** 로 돌려 줘요.
건조 잘 마르도록 지퍼를 연 뒤 옷걸이를 이용해
그늘에서 **자연 건조** 해 주세요.

책가방, 실내화
세탁법

신발

가장 자주 신는 운동화만 해도 디자인과 소재가
참 다양하죠? 다른 컬러의 포인트나 가죽 배색이
있다는 건 세탁이 어렵다는 말이기도 해요. 이염
을 예방하며 신발을 세탁하는 방법을 알려드리니
앞으로는 이렇게 세탁해 보세요.

① 운동화

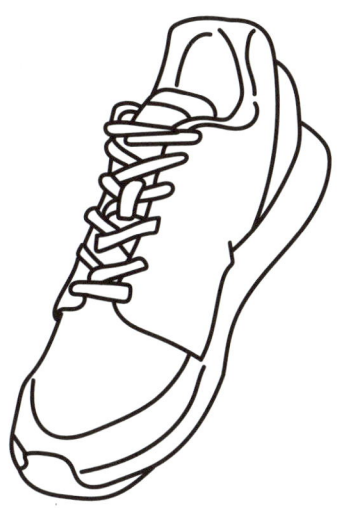

운동화도 옷과 마찬가지로 흰색에 원색이나 검은색 배색이 들어가면 세탁 과정에서 이염될 확률이 99%예요. 명품 운동화는 겉면은 캔버스 원단이더라도 인솔이 가죽인 경우가 많아 가죽 컬러 이염이 심하고요. 한번 이염되면 복구가 어렵기 때문에 운동화 전문 세탁소에 맡기거나 가급적 배색이 없는 운동화를 구매하길 추천해요.

운동화 냄새 퇴치

리스테린(구강 청결제)과 알코올을 1:1 비율로 분무기에 넣어 잘 섞은 뒤 운동화에 뿌려 주세요. 냄새와 세균 모두 잡을 수 있어요. 신발장에도 뿌려 주면 더 좋아요. 피퍼 탈취제도 추천드려요.

나이키 직원도 모르는
운동화 냄새 퇴치

단색 스웨이드 배색 천 운동화

손세탁

• 대야에 물을 받아 오투와셔와 피퍼 세제를 잘 섞은 뒤 운동화를 3분 정도 푹 담근 후 구석구석 솔질해요. 밑창 부분 오염이 심하다면 피퍼 얼룩 제거제를 뿌리고 솔질해 주세요.

• 물로 헹구면서도 솔질을 꼼꼼히 해야지 세제 얼룩이 남지 않아요.

건조

• 충분히 헹군 후 운동화 속에 수건을 넣고 다른 수건으로 각각 감싼 후 딱 맞는 세탁망에 넣어요.

• 세탁기에 넣어 중탈수 로 돌린 후 반그늘에서 자연 건조 해요.

✔ 크록스나 실내화는 피퍼 얼룩 제거제로만 세탁해도 충분해요.

운동화는 이 영상 저장!

전체 스웨이드 운동화

집에서 세탁할 경우 변형이나 이염이 생길 수 있으니 물세탁하지 말고 가급적 스웨이드 지우개를 사용하세요. 스웨이드 부분을 지우개로 지우고 스웨이드 전용 솔로 빗어 주면 오염이 제거됩니다. 평소에 스웨이드 솔로 솔질하면 깨끗하게 유지할 수 있어요. 오염이 너무 심할 땐 전용 스웨이드 세제를 이용해 겉만 닦아 주듯 하세요. 이때 깨끗한 젖은 스펀지로 여러 번 닦고 그늘진 곳에 말려 주세요.

단색 컨버스 운동화

컨버스 운동화는 봄, 가을에 산뜻하게 신기 좋지만, 비 오는 날이나 장마철에는 피하세요!
컨버스 운동화 중 다른 색의 배색이나 가죽 배색이 있으면 이염되기 쉬워 구입부터 피하는 게 좋아요.

손세탁

• 오투와셔 1봉과 세제를 미지근한 물에 섞은 뒤 운동화를 푹 담가 솔질해요.

• 세제가 남아 얼룩이 생기지 않도록 물로 헹구면서 솔질을 충분히 해주세요.

건조

• 신발 속에 수건을 넣고 다른 수건으로 감싸 딱 맞는 세탁망에 넣고 세탁기 **중탈수** 로 돌려요. 그후 **자연 건조** 해 주세요.

전체 가죽 운동화

절대 물세탁 금지예요. 운동화 전용 백화제를 뿌리고 부드러운 천으로 닦아 주거나 아웃솔 부분은 치약을 발라 닦아 주면 깨끗하게 신을 수 있어요.

수시로 가죽 보호제를 바르고 닦아 관리하세요. 구매할 때 받은 상자, 종이, 더스트백이 있다면 버리지 말고 아무리 귀찮더라도 포장재에 넣어서 보관하세요! 가죽은 습도에 예민하기 때문에 수시로 통풍을 시켜 주는 게 곰팡이 예방에 좋아요. 습도가 너무 낮아도 가죽이 갈라질 수 있으니 신발장도 수시로 환기해 주세요.

명품 천 운동화

아마 명품 운동화를 살 때 이런 주의 사항을 들었을 거예요. 〈세탁하지 마세요.〉

명품 운동화 중 인솔이 가죽인 경우가 많기 때문이에요. 운동화가 전체 어두운 색이면 괜찮지만, 흰색일 경우 인솔 가죽이 이염될 확률이 아주 높아요. 몇 백만 원이 훌쩍 넘는 운동화를 세탁하다가 이염되어 속상해 하지 말고 구입할 때 〈세탁하지 마세요〉 이 말을 꼭 명심하세요.

② 가죽 신발

구두 광택 내기

가죽 보호제나 WD-40(유광)을 뿌리고 마른 천으로 잘 닦으면 사라졌던 구두 광택이 살아나요.

한 번 쓰기 아까운
WD-40 #3. 구두 광택

흰색 가죽 신발일 경우

6개월~1년이 지나 못 쓰는 선크림을 흰색 가죽 부분이나 밑창에 짜서 알콜 티슈로 닦으면 오염이 제거돼요.

유통 기간 지난 선크림,
신발 오염 싹!

액세서리

얼굴과 가장 가까이 착용하는 모자, 스카프, 넥
타이도 주기적으로 세탁해야 하는데 원단이나 모
양을 고려해야 변형이 생기지 않아요. 변형 없는
액세서리 세탁은 이렇게 해보세요!

① 볼캡(야구 모자)

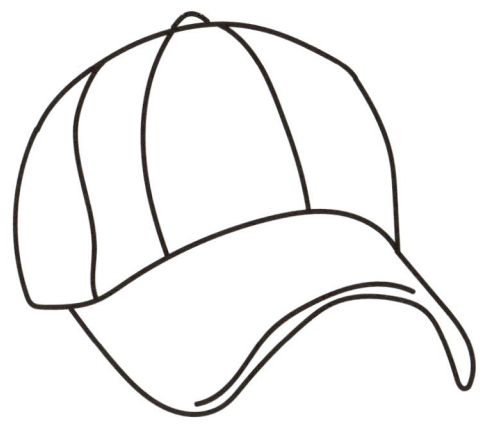

볼캡, 야구 모자는 야외 활동을 할 때도 애용하지만 패션 아이템으로도 많이 찾게 되는 모자예요. 땀뿐만 아니라 이마와 닿는 부분에 선크림이나 화장품까지 잘 지워지도록 세탁해야 해요.

볼캡 세탁법

손세탁

• 오투와셔나 베이킹소다 1컵과 세제를 따뜻한 물에 넣고 잘 섞어 주세요.

• 모자를 푹 담근 뒤 솔질해요. 특히 모자 안쪽 면은 화장품이나 땀으로 얼룩져 있으니 꼼꼼히 솔질해야 해요.

• 물로 헹구면서도 계속 솔질을 해주세요. 모자나 가방, 운동화는 때를 빼는 것보다 헹굼이 중요해요. 섬유 사이사이 세제가 남아 얼룩질 수 있으니 많이 솔질하고 충분히 헹궈 주세요.

건조

• 수건으로 물기를 제거한 뒤 모자 안쪽에 수건을 채워 넣고 겉면도 수건으로 감싼 뒤 딱 맞는 세탁망에 넣어 주세요.

• 세탁기에 넣고 중탈수 후 자연 건조 해요.

모자 세탁 방법

헬렌카민스키가 색이 바랬을 때

모자 특정 부분의 색이 바랬을 경우 패브릭 마커만 있으면 해결! 일반 사인펜으로 칠하는 건 절대 안 돼요! 옷에 락스가 튀었을 때 등 옷감의 색이 연해졌을 때 비슷한 색의 패브릭 마커로 칠해 주면 조금이나마 색을 복구할 수 있어요. 칠에 자신이 없다면 삐져나가지 않도록 마스킹테이프로 테두리를 정리한 후 칠해 주세요.

절대 물세탁 금지예요. 보관할 때도 더스트백에 보관하고 꼭 뒤집어 반듯이 놓아야 모자가 변형되지 않아요.

✔ 의외로 물세탁하는 분 많아요. 물세탁 절대 금지!

밀짚 모자 색바램
100% 복구

② 실크 스카프

의외로 음식이나 오염이 잘 묻는 실크 스카프도
집에서 세탁해 봐요. 평소에 보관할 때는 옷걸이
보다는 구매할 때 받은 포장용 케이스와 종이에
그대로 넣어 두면 좋아요. 습기와 변형을 막을
수 있거든요. 그리고 향수는 실크 섬유에 안 좋
으니 꼭 착용하기 전에 뿌려 주세요.

✓ 실크 스카프에 절대 금지!

- 뜨거운 물
- 알칼리성 세제
- 비벼서 빨기, 비틀어 짜기
- 햇빛 건조
- 옷걸이에 걸어 보관

✓ 구입할 때 케이스는 버리지 말고 가급적 충전 종이와 같이 상자에 보관하세요.

실크 스카프 세탁법

손세탁

• 미지근한 물(30℃)에 울 전용 세제를 잘 풀어 준 뒤 스카프 끝을 잡고 담가 살살 흔들어 주세요.

• 물에 살살 흔들며 깨끗하게 헹군 후 마지막 헹굼에 섬유유연제를 넣어 주세요. 이때 오염이 있다면 세제를 바르고 살살 비벼 주세요.

건조 수건으로 꾹꾹 누르지 말고, 톡톡 살짝 터치하며 물기를 제거해요. 그리고 꼭! 그늘에 말려 주세요.

다림질 다리미는 제일 온도가 낮은 〈실크 온도〉로 세팅해서 손수건을 위에 한 장 깔고 다려 주세요. 양면 스카프의 경우 광택이 있는 면이 앞면이에요. 다림질은 뒷면에 손수건으로 덮어 다려 주세요.

실크 스카프 3분 세탁법

③ 넥타이

예전에는 세탁소에 양복 한 벌 맡기면 넥타이도 서비스로 세탁해 주기도 했는데 요즘은 안 그렇죠? 아무래도 넥타이는 드라이클리닝으로 세탁해야 가장 변형이 없지만 오염이 잘 안 빠질 수 있어요. 오랫동안 드라이클리닝만 맡겼다면 이 방법으로 집에서 안전하게 세탁해 보세요. 쿰쿰한 냄새도 없앨 수 있고 색도 밝아질 거예요.

225

넥타이 세탁법

손세탁

- 피퍼 세제를 미지근한 물에 잘 풀어 줘요.
- 넥타이를 푹 담근 후 고무장갑 낀 손바닥으로 쓸어 내거나 원을 그리듯이 살살 비벼 주세요.

✔ 넥타이는 사선으로 재단이 되어 있어 비틀면 쉽게 변형 되니 절대 비틀지 마세요. 양쪽으로 잡아당겨도 늘어질 수 있어요.
✔ 넥타이는 쉽게 이염되니 색깔별로 세탁하세요.

- 세탁 후 반을 접고, 다시 한번 접어 꾹꾹 눌러 가며 물에 헹구세요.
- 마지막 헹굼엔 섬유유연제를 넣어 줘요. 유연제는 세제와 같은 양을 넣어 주세요.

건조 수건 사이에 넣고 꾹꾹 눌러 물기를 짠 후 옷걸이에 걸어 그늘에 자연 건조해요.

다림질 반 정도 말랐을 때 다리거나 다 마른 뒤 물을 뿌려 다려 주세요. 다리미 온도는 〈실크 온도〉로 설정하고 지그시 누르듯이 다림질해요.

✔ 다리미를 마구 비비면 넥타이가 번들거려요. 자신 없을 땐 손수건을 넥타이 위에 한 장 깔고 다려 주세요.

✔ 넥타이 보관 방법

• 귀찮다고 매듭째로 보관하지 말고 꼭 풀어서 보관하세요. 변형되기 쉬워요.

• 땀이 많이 나는 분들은 수시로 세탁하세요. 땀 성분으로 탈색되면 복구가 안 돼요.

넥타이 세탁은 사랑이야!

④ 가죽 지갑

손때가 많이 묻는 지갑 중 가죽 제품이 많죠. 가
죽 지갑은 물티슈, 특히 알코올 성분이 들어간
물티슈로 닦으면 절대 안 돼요. 가죽이 벗겨지고
광이 사라질 수 있거든요. 가죽 클리너로 관리해
주세요.

① 스펀지로 오염을 먼저 털어 줘요.

② 부드러운 천에 가죽 클리너를 몇 방울 떨어트려요.

가죽 클리너는 지갑, 가방, 신발에 골고루 사용할 수 있지만, 스웨이드, 무스탕 원단에는 사용하면 안돼요.

③ 지갑을 골고루 닦아 줘요. 오염도 제거되고 광도 다시 살아날 거예요.

딱! 5분 만에 세균 지갑
세탁하는 법

STEP 3. 감사하고 감사해라

영상을 올리고 댓글에 답하고 디엠을 주고받다 보면 미친듯이 일이 늘어난다. 공구까지 오픈하는 날이면 사실상 밥 먹을 시간도 없고 새벽 5시부터 일어나 일을 시작해 눈꺼풀이 내려앉을 때도 있지만 찾아오는 팔로워들에게 감사해라!

한 줄의 디엠과 댓글에 감사해라!
하트 하나에 소중함을 느껴라!

내가 어느 매장에 갔는데 아무리 볼거리가 많아도 점원이 무표정하거나 퉁명스럽다고 생각해 보라. 다시 갈까? 오는 손님 하나하나 기억하고 말걸고 그분의 이름까지 불러 줘라. 아마 그 손님에게는 매일 가고 싶은 매장이 될 거다.

나는 나에게 온 디엠을 오류만 아니면 100% 다 확인한다.

〈네, 감사합니다.〉 단답이 아니라 〈희정님 고마워요!!!!〉 하며 이름을 부르고 가끔 음성도 남기고 인스타그램 전화로 통화도 한다.

출산 전이면 세제를 보내 주고 생일이면 커피 쿠폰을 보내 주고 아이가 아파 병원 침대에 누워서 공동 구매에 성공하면 작은 선물을 보내 준다. 사실 나도 그 많은 팔로워를 모두 기억하진 못한다. 하지만 디엠에서 만날 땐 적어도 전에 무슨 이야기를 나눴는지 확인해 본다.

「이렇게까지 해야 해?」 그렇게 묻는 사람들이 있다. 그게 나다. 내 공구 제품을 구매해 줬기 때문이 아니라 나와 소통해 준 게 정말 고맙다. 나이 50대 중반에 20대와 소통하다니 얼마나 놀라운 일인가. 실제로 내 팔로워 중 20~34세가 40퍼센트가 넘는다.

나이가 들어가니 점점 인맥이 좁아진다. 기껏해야 동네 엄마, 학교 엄마, 학원 라이딩하다가 눈인사하는 엄마. 나도 마찬가지였다. 그런데 난 지금 24만 명과 대화를 나누고 있다. 앞에서도 말했지만 상암 월드컵 경기장은 6만 명, 그런 경기장 4개를 내 팔로워가 가득 채운다. 내 팔로워를 한 줄로 세운다면? 광화문에서 평택역까지다. 어마어마한 숫자다.

간혹 〈1만 명밖에〉, 〈5만 명밖에〉라며 자기 팔로워 수를 낮춰 말하는 사람이 있는데 1만 명과 악수를 하면 몇 분이 걸리는지 과연 5만 명이 얼마나 큰 숫자인지 생각은 해봤는지 묻고 싶다.

그깟 1만 명, 5만 명이 아니다.
시작은 1부터고 그 1을 챙기는 것부터 하자!

나는 디엠이 많이 온다. 하루에 적게는 수백 개, 많게는 천 개까지 온다. 공동 구매가 빠르게 끝날 경우에는 디엠이 천 오백 개까지 쏟아진다. 나는 디엠을 놓치지 않는다. 간혹 인스타 오류로 끝까지 안 보이거나 내 손가락이 살쩌 삭제 버튼을 잘못 누르는 경우가 아니라면. 내 계정에 와서 댓글을 남기고 디엠을 남기는 분들은 모두 정말 고마운 사람들이다.

참고로 난 독수리다. 빠른 독수리.

하지만 아무리 빠른 독수리라도 하루 300개 많게
는 1,500개의 디엠은 버거웠다. 내 성격상 놓치
고 싶지 않았고 궁리 끝에 며칠 전부터는 음성을
보내기 시작했다. 디엠 답변 속도가 10배 이상
빨라지기 시작했고 반응은 뜨거웠다. 이렇게 점
점 더 가까워지고 팔로워들도 음성으로 보내기
시작했다. 마치 옆집 언니와 통화하며 수다 떨
듯이…

4부

오염에 맞는
세탁 공식

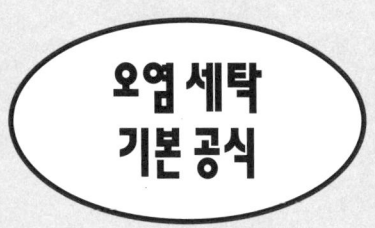

오염 세탁
기본 공식

오염은 빨리 지울수록 복구 가능성이 높아지고 시간이 지나면 완전하게 지울 수 없어요. 시간이 오래 지난 얼룩은 무조건 반복과 시간, 노력이 필요하고 비비고 방치하고 헹구는 과정을 여러 차례 반복할 수밖에 없어요.

그래도 안 되는 건 안 되는겨!

오염이 생겼을 때 기억할 3가지

물티슈 금지!

뜨거운 물 금지!

최대한 빨리 지우기!

국내외에 정말 많은 얼룩 제거제가 있지만 100% 얼룩을 지울 수 있는 완벽한 얼룩 제거제는 없어요. 하나의 옷에 두 가지 다른 얼룩이 있거나 얼룩 제거 후에도 옅은 얼룩이 남아 다른 방법이 필요하기도 하거든요. 그래서 얼룩 제거제도 2~3가지 갖춰 두고 교차로 사용하는 것도 방법이에요. 오염의 종류에 따라 집에서 쉽게, 원단 손상 없이 시도할 수 있는 세탁 방법들을 알려 드릴게요.

✔ 얼룩 제거제 교차 사용 시

- 흰 색일 땐 같이 사용 가능해요.
- 컬러 옷일 땐 중간에 헹구고 교차 사용해요.
- ✔ 청바지, 피그먼트 의류는 색이 빠질 수 있어요.

요약! 오염에 맞는 세제

- 음식 : 주방 세제 + 백식초, 피퍼 얼룩 제거제
- 흰 옷 오염 : 과탄산소다 + 세제, 오투와셔
- 유색 옷 오염 : 베이킹소다 + 세제, 오투와셔
- 기름때 : 클렌징 폼, 주방 세제, 베이킹소다, 샴푸, 피퍼 얼룩 제거제
- 냄새 : 베이킹소다 + 세제, 오투와셔

얼룩 세탁할 때 주의 사항

첫째, 2가지 이상의 다른 세제를 쓸 때 꼭! 먼저 사용한 세제를 충분히 헹궈 줘야 해요.

그렇지 않으면 서로 다른 세제의 성분끼리 화학적 반응이 일어나 갑자기 생뚱맞은 색으로 변하거나 탈색될 수 있어요. 색이 있는 옷은 세제를 사용하기 전에 시접 안쪽에 먼저 테스트해 보는 것도 안전한 방법이에요.

둘째, 얼룩을 제거한 뒤엔 꼭 전체 세탁으로 마무리해 주세요. 부분 얼룩이 지워졌다고 그대로 입으면 나중에 더 큰 세제 얼룩이 생길 수 있어요.

음식물
오염

아이를 키우면 음식물 오염은 정말 빈번히 생기기 마련이에요. 어른이 되어도 가끔 밥 먹다가 음식 흘리는 실수를 하고요. 음식물에 따라 오염 특성을 고려한 얼룩 제거제와 세탁 방법을 딱! 정리해 드릴게요.

① 유제품

우유, 요구르트 등 모든 유제품 얼룩을 지우는
방법이에요.

① 우선 얼룩에 찬물을 뿌려 주세요.

② 빨랫비누를 얼룩에 비빈 후 솔로 박박 문질러
주세요.

③ 다시 한 번 미지근한 물을 뿌리고 빨랫비누칠

을 한 다음 박박 문질러 주세요.

④ 그대로 30분 방치 후, 세제 없이 세탁기에 넣고 표준코스 로 돌려요.

⑤ 그늘진 곳에 자연 건조 해요.

✔ 뜨거운 물은 유지방 성분을 고착시킬 수 있어요.

요거트, 우유 얼룩
이거면 끝!

② 오래된 과일 얼룩

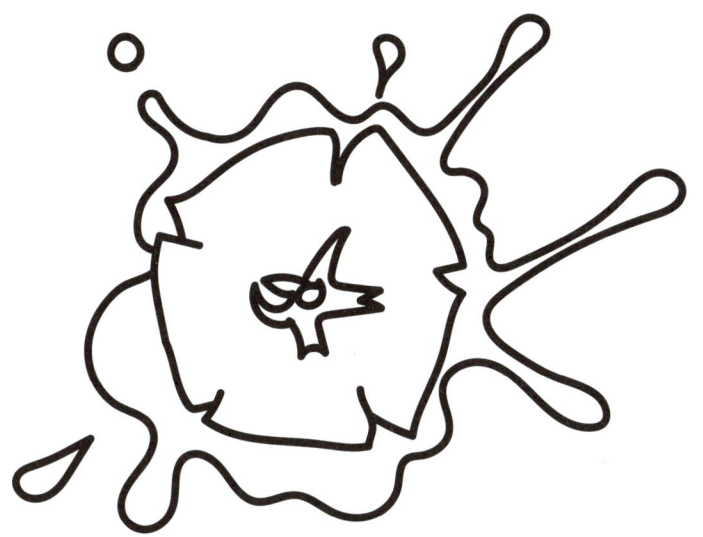

① 먼저 흐르는 물에 씻어 줘요.

② 피퍼 얼룩 제거제를 뿌리고 칫솔 손잡이로 꾹 누르며 밀어 내듯이 긁어 줘요. 섬유에 얼룩 제거제를 침투시키는 과정이에요.

③ 오염이 심하다면 2회 정도 반복하세요.

④ 그대로 6~24시간 방치 후 물을 뿌리고 솔질한 뒤, 단독 세탁하거나 다른 세탁물과 세탁하

247

세요.

⑤ 남은 얼룩이 있다면 오투와셔와 세탁 세제를 섞어 비벼 주고 방치 후에 세탁해 보세요.

∨ **주의!** 과일 얼룩은 바로 물로 씻어 주지 않으면 다른 곳으로 번질 수 있어요. 뜨거운 물로 씻어 주면 과일 색소가 착색할 수 있으니 미지근한 물로 씻어 내세요.

모든 과일 얼룩,
이걸로 종결!

③ 케첩

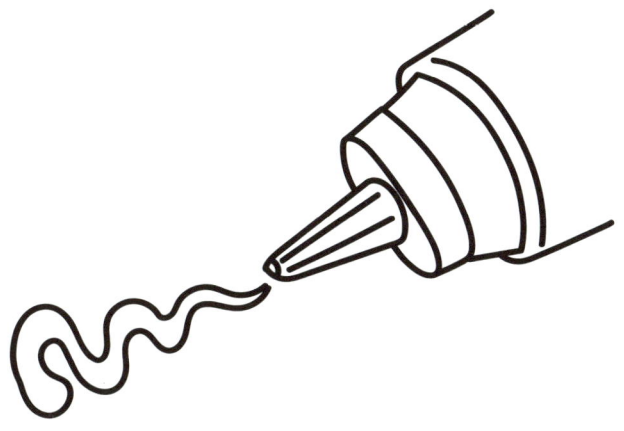

① 먼저 케첩이나 음식물을 최대한 손을 대지 말고 강한 수돗물로 털어 내요. 건더기가 많으면 옷을 뒤집어 뒷면에 수돗물을 흘려 터세요.

② 중성세제와 식초를 1:1 비율로 섞어 오염 부위에 발라요. 피퍼 얼룩 제거제를 뿌려도 돼요.

③ 마구 비비고 세탁하면 끝!

케첩은 여기만 누르세요

④ 빨간 국물

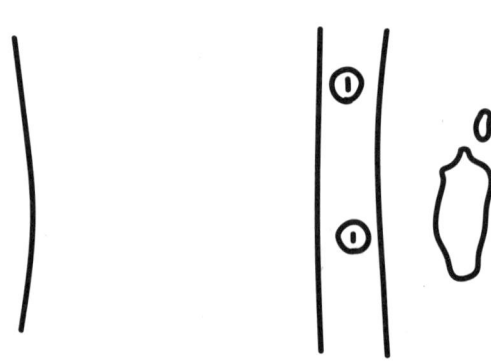

김치찌개, 짬뽕, 마라탕, 매운 갈비, 해물탕, 떡볶이, 비빔냉면, 라면, 고추장찌개, 제육볶음, 해물 찜, 토마토 스파게티⋯. 모든 빨간 양념 얼룩 이렇게 세탁하세요!

① 먼저 옷을 뒤집어 흐르는 물에 고춧가루, 후추, 마늘 등 양념들을 밀어 내요.

② 1차로 주방 세제를 부어 비벼 주세요.

③ 물로 헹궈요. 그다음 피퍼 얼룩 제거제를 뿌리고 비비거나 솔질 후 전체 세탁하세요.

④ 고추, 토마토 성분은 원단에 분자로 남을 수 있어요. 2번 정도 반복하고 꼭! 햇빛에 말려 주세요.

∨ 물티슈로 쓱 닦는다? NO!

물티슈로 누르면서 닦으면 오히려 양념의 붉은색이 착색될 수 있어요. 또 얼룩에 바로 세제만 묻혀도 얼룩이 굳어질 수 있으니 주의하세요!

빨간 국물 얼룩, 이것만은
절대 하지 마요!

⑤ 아메리카노

크림이나 우유가 들어가지 않은 아메리카노 커피 얼룩 세탁 방법이에요. 식물성 얼룩(커피, 주스, 위액, 구토 등)을 지울 때에도 적용할 수 있어요.

① 카페나 차 안에서 커피를 흘렸을 때 빨리 물수건으로 닦아 주세요. 물티슈는 알코올 성분이 없

는 제품이어야 해요.

② 중성세제에 식초를 1:1 비율로 넣고 섞어요. 양은 오염 정도에 따라 조절해 주세요.

③ 얼룩 부분에 묻혀 조물조물한 다음 15분 정도 그대로 불려요.

④ 피퍼 얼룩 제거제를 뿌리고 방치 후 세탁하거나 얼룩이 크거나 오래되었을 때는 오투와셔와 세제에 하루 담근 후 세탁하세요.

⑤ 세탁기에 넣고 꼭! **표준코스 | 30°C 이하** 로 돌리면 끝!

✔ 절대 금지!

• 뜨거운 물로 세탁하지 마세요. 얼룩이 굳어질 수 있어요.

• 과탄산소다로 세탁하지 마세요. 커피는 산성계 얼룩으로 알칼리성 세제와 섞이면 얼룩이 변형되어 고착될 수 있어요.

커피 얼룩 절대 해서는
안되는 2가지

⑥ 와인

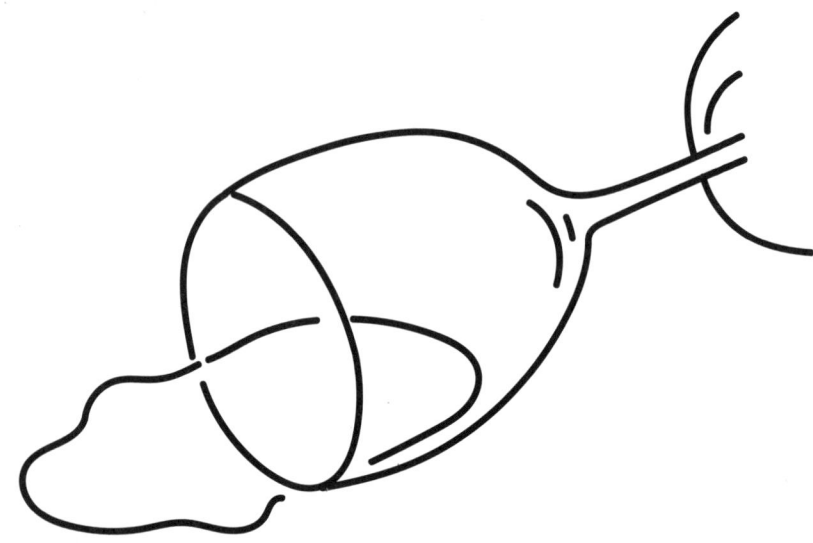

① 주방 세제와 백식초를 1:1 비율로 분무기에 넣고 잘 섞어 줘요.

② 와인 얼룩 아래 수건을 깐 뒤, 세제와 백식초를 뿌린 후 부드러운 세탁 솔로 솔질해요.

③ 물로 헹군 뒤 얼룩이 남아 있으면 ①번과 ②번을 반복해요.

④ 얼룩이 다 지워지면 남은 세제가 없도록 충분

히 손으로 비벼 헹궈 주세요.

⑤ 세탁기에 중성세제 넣고 **표준코스** 로 돌리면
끝!

⑦ 오래된 도라지 얼룩

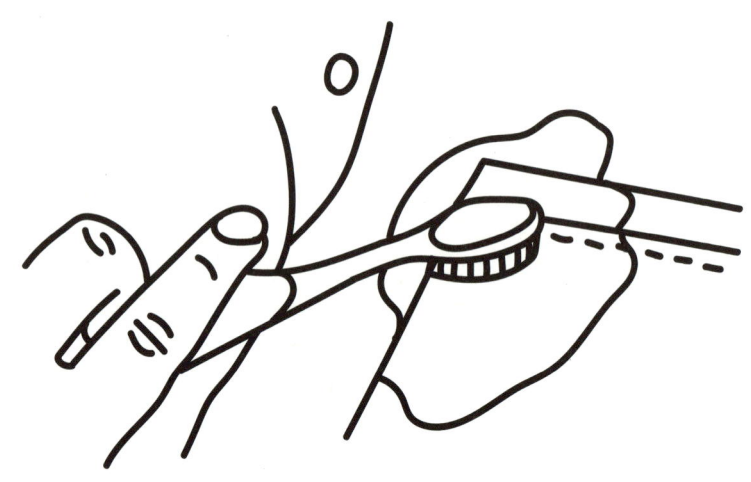

① 얼룩에 물을 묻혀요. 오투와셔와 세제를 1:1 비율로 섞어 부어요. 칫솔로 1번 정도 비벼 줘요.

② 2~6시간 방치합니다. 세제나 원단에 따라 색이 빠질 수 있으니 1~2시간 단위로 체크해요.

③ 세탁기에 세제를 넣고 **표준코스** 로 돌려요.

✔ 오메가3도 같은 방법으로 해주세요.

1년 전 도라지 얼룩
한방에 빼기

⑧ 식용 기름

고기 기름, 식용유, 버터 등 각종 동물성 기름 얼룩을 지울 수 있는 두 가지 방법이에요. 식용 기름일 경우에 해당하는 세탁 방법으로 석유 기름이 묻었다면 세탁소에 맡기세요. 고기의 기름은 높은 열에 변질되어서 잘 안 빠져요.

옷에 맞는 세탁 구분

주방 세제와 클렌징 폼 사용법

① 주방 세제와 클렌징 폼을 1:1 비율로 섞어 줘요. 양이나 비율은 크게 상관없어요. 주방 세제와 클렌징 폼은 저렴할수록 효과가 좋아요. 특히 클렌징 폼은 오염 제거에 탁월해서 세탁용으로 저렴한 제품을 미리 구비하길 추천해요.

② 오염 부위에 섞은 세제를 붓고 칫솔로 비벼 주세요. 오염에 따라 칫솔질을 더하거나 너무 오래된 오염이면 칫솔질 후 잠시 방치해 주세요.

③ 수돗물의 가장 뜨거운 물로 헹구며 비벼 주세요.

④ 세탁기에 넣고 세제 조금 추가해 **표준코스** 로 세탁하면 끝!

✔ 혹시 얼룩이 남았다면 한두 번 더 반복하고 피퍼 얼룩 제거제와 폼 클렌징으로도 해보세요.

기름얼룩엔 2개만 섞어요

학용품
오염

아이가 학교에 다녀왔는데 볼펜, 사인펜, 물감 등 각종 학용품을 옷에 묻혀와 난감했던 적이 있으신가요? 앞으론 당황하지 말고, 이렇게 세탁하세요!

① 사인펜

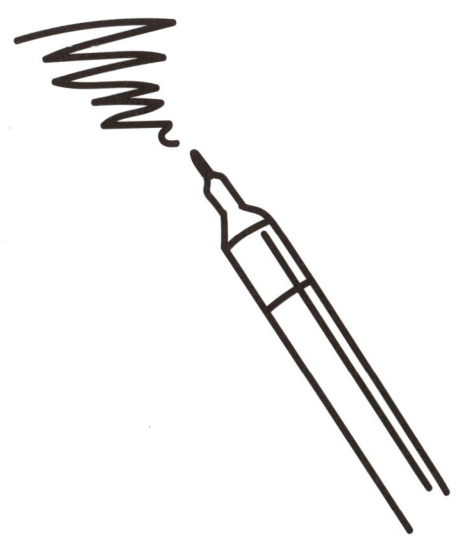

오염 제거 깨끗하게

살충제 사용법

① 살충제를 얼룩에 듬뿍 뿌리고 비비거나 솔질해요. (WD-40도 가능해요.)

② 흐르는 물로 헹궈 낸 후 세탁 세제 원액을 붓고 다시 비비거나 솔질해요.

✓살충제나 WD-40 사용 후 세제로 비비지 않으면 또 얼룩져요.

한 번에 안 지워지면 세탁 세제를 더 붓고 솔질해 주세요. 세제 대신 피퍼 얼룩 제거제를 사용해도 좋아요.

③ 얼룩이 어느 정도 지워진 걸 확인한 후 전체 세탁해 주세요.

사인펜 얼룩
이거 하나 뿌리면 싹

피퍼 얼룩 제거제 활용법

① 마른 상태에서 얼룩 부위에 얼룩 제거제를 뿌려 주세요.

② 가볍게 두드리거나 솔질해요.

③ 그대로 하루 방치하고 다음 날 물을 뿌린 뒤 솔질해요.

④ 헹구지 않고 세탁기에 그대로 넣어 중성세제를 추가한 다음 **표준코스**로 돌려 주세요. 오염이 안 빠지면 위 과정을 2~3회 반복해요.

✔ 얼룩은 빨리 지워요.
✔ 방치 시간을 늘려요.
✔ 2~3회 반복해요.
✔ 그래도 안 되는 건 안 되는겨!
✔ 컬러 옷은 오래 방치할 경우 색이 빠질 수 있어요.

사인펜 얼룩
인형 세탁법

② 수정액

수정액은 섬유 사이사이 침투해서 그대로 굳는 경우가 많아요. 그래서 무작정 비비지 말고, 버터나 올리브 오일을 부어 칫솔 꼬리나 버터나이프로 긁는 과정이 필요해요.

① 수정액 얼룩에 버터나 올리브 오일을 붓고 칫솔 꼬리나 버터나이프로 긁어 주세요.

② 오랜 시간 공을 들여 긁어 주면 수정액이 하얗게 녹아 나오기 시작해요.

③ 알코올을 부어 동전이나 카드로 긁어 주기도 해요.

④ 솔에 세탁 세제를 뿌려 얼룩 부위를 솔질해 주세요.

④ 뜨거운 물에 비비며 헹군 뒤 세탁기에 중성세제를 넣고 표준코스 로 돌려 주세요.

수정액 얼룩 세탁법

③ 볼펜, 잉크

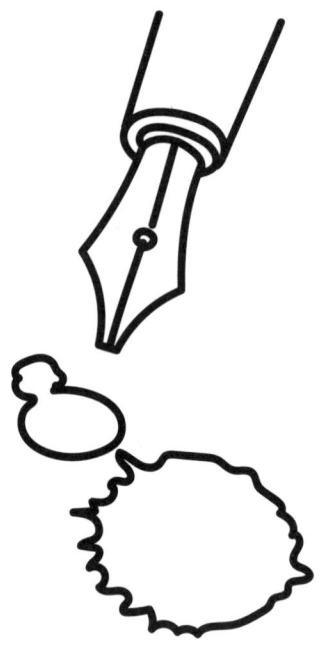

잉크 얼룩은 확 번지기 쉽기 때문에 중간중간 헹궈 주고 세탁도 2~3회 정도 해야 해요. 얼룩을 100% 지우기 위해 세탁을 반복하면 원단에 손상이 갈 수 있어 약간의 얼룩은 남을 수밖에 없어요.

패딩에 묻은 잉크

① 피퍼 얼룩 제거제를 뿌리고 비빈 다음 물로 헹궈요. 2회 반복해 주세요. 얼룩이 옅어진 걸 볼 수 있어요. 물로 헹궈 주지 않으면 잉크가 다른 곳에 묻어요.

② 세탁기에 넣고 세제 없이 **표준코스 l 헹굼 2회 l 강탈수** 로 돌려요. 중간에 전체 세탁해야 잉크가 안 번져요.

③ 다시 얼룩 제거제를 뿌리고 솔질해요.

④ 그대로 1시간 방치한 후 다시 솔질해요.

⑤ 세탁기에 다운와셔와 함께 넣고 **표준코스 l 40℃ l 헹굼 5회 l 강탈수** 로 세탁해요.

⑥ 건조기에 양모 볼 4~5개와 같이 넣고 **저온코스** 2회 돌리고 하루 건조 후 **표준코스** 로 1회 더 돌려요.

세탁소에서 거절한
잉크 얼룩

패딩이 아닌 옷에 묻은 잉크

① 얼룩에 피퍼 얼룩 제거제를 뿌리고 솔질한 다음 헹구는 과정을 2회 반복해요.

② 세탁기에 세제 없이 <mark>표준코스 | 헹굼 2회</mark> 로 돌려 주세요.

③ ①번, ②번 과정을 한 번 더 반복해 주세요.

④ 크레용

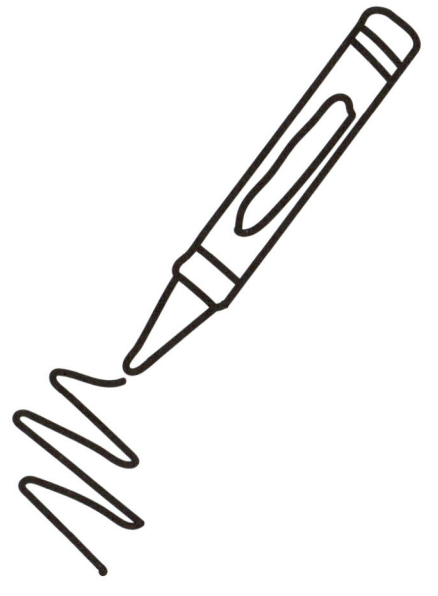

크레용은 왁스 성분이 들어가서 뜨거운 열에 잘 녹아요. 키친타월로 덮은 후 중간 온도의 다리미로 다려 주세요. 그래도 남은 얼룩이 있으면 세제와 베이킹소다나 피퍼 얼룩 제거제를 뿌리고 비빈 후 몇 시간 방치 후 세탁해 보세요.

벽지나 바닥에 크레용이 묻었다면? WD-40을 뿌리고 마른 걸레로 닦아 주면 잘 지워져요.

WD-40 어디까지
써 봤니? #2. 크레용 지우기

생활 오염

몸에서 나온 땀, 피 얼룩과 어딘가에서 묻어 온 기계기름, 페인트 얼룩, 캠핑하러 갔다가 그을려서 생긴 오염까지! 지워지지 않을 것 같은 얼룩도 요령만 있다면 해결할 수 있어요. 생활 오염별로 어떻게 세탁하면 되는지 알려 드려요.

① 땀

흰 옷에 목이나 겨드랑이 땀 오염이 남았다면 이
렇게 세탁해 보세요.

① 대야에 따뜻한 물을 받아 오투와셔 1봉과 세
제를 잘 섞어 준 뒤 옷을 담가 조물조물한 후
6~24시간 방치해요. 과탄산소다를 사용할 때는
너무 적게 넣거나 찬물에 섞으면 효과가 없으니

주의하세요.

② 컬러 옷일 경우 너무 오래 방치하면 황변 현상이 생기거나 컬러가 빠질 수 있으니 2시간마다 체크해 주세요. 찌든 때가 심하면 12~24시간까지 방치해요.

③ 세탁기에 중성세제 넣고 표준코스 로 돌려 전체 세탁하면 끝!

✔ 오투와셔는 세제 보조제로 꼭 세제와 같이 사용해 주세요.
✔ 땀 얼룩을 오래 방치할 경우 탈색되어 복구가 불가능해요.

세탁소에서 안 받은
20년 된 원피스

② 피얼룩

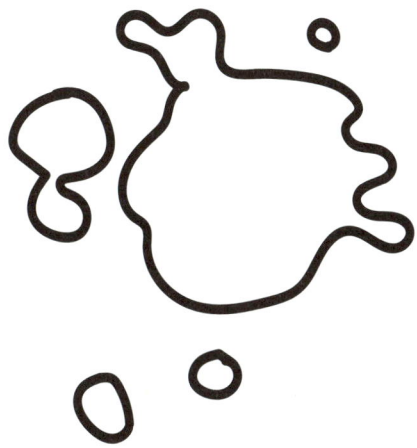

생리혈, 상처, 여드름 때문에 생긴 피 얼룩이나 누런 속옷은 욕실에 항상 있는 클렌징 폼으로 세탁해 보세요. 속옷은 삶으면 고무밴드가 변형되고 수명이 짧아져요. 앞으로는 매번 삶지 말고, 사용 기한 지난 클렌징 폼을 보관했다가 세탁에 활용해 보세요!

① 얼룩만큼 클렌징 폼을 짭니다.

② 물 몇 방울 떨어트리고 칫솔로 비벼 주세요.

③ 오염에 따라 10~30분 그대로 방치해요.

④ 살짝 비빈 후 물로 헹구면 끝!

∨ 오래된 피 얼룩

오투와셔와 세제를 섞어 바르고 24시간 방치 후 세제를 넣고 세탁기에 돌리세요.

3년 된
피 얼룩 점퍼

오래된 피 얼룩
이걸로 종결했어요!

③ 끈적이

여름철 모기 패치나 스티커, 밴드를 넣고 그대로 세탁기를 돌렸다가 옷에 끈적이가 남았다면? 선크림을 잘 바르고 5분 정도 지난 뒤 물수건으로 살살 닦아 내면 감쪽같이 제거돼요. 쉽죠?
선크림이 없다면 손 소독 젤을 듬뿍 발라 카드나 동전으로 긁어 주세요.

모기 패치, 스티커 자국,
선크림 하나면 OK

④ 자전거 체인 기름, 자동차 엔진 기름

자전거 기름 얼룩을 지울 수 있는 두 가지 방법을
알려 드릴게요.

마요네즈 활용법

① 마른 상태에서 얼룩에 마요네즈를 살살 발라
비벼 주고 그 위에 주방 세제를 짜서 다시 비벼요.
② 뜨거운 물에 얼룩 부위를 헹구며 다시 비벼요.
③ 그다음 세탁기에 넣고 표준세탁 해주세요.

자전거 기름 얼룩은
마요네즈를 짜세요

WD-40 활용법

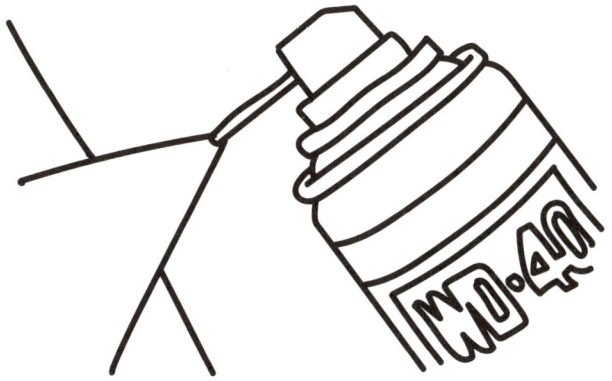

① WD-40을 기름 얼룩에 뿌리고 한 번, 주방 세제를 듬뿍 뿌리고 한 번 더, 얼룩 부분을 따뜻한 물로 헹구고 다시 비벼요.

② 옷 전체를 물에 2~3번 헹궈 주세요.

③ 세탁기에 넣고 **표준코스** 로 돌려 전체 세탁해요. 냄새가 난다면 한 번 더 세탁해요. 섬유유연제도 냄새를 없애는 데 도움이 돼요.

3개월 된 정비소
기름얼룩

자전거 기름
이거 하나면 끝

⑤ 기계기름

기계에 옷이 닿아 얼룩이 생겼다면? 베이킹소다
로 해결할 수 있어요.

① 대야에 가장 뜨거운 수돗물을 받아 베이킹소
다 1컵과 세제를 넣고 잘 섞어 주세요.
② 얼룩 부분을 30분 담가요.
③ 손으로 비벼 주세요. 비비면서 벌써 얼룩이

옅어지는 걸 볼 수 있을 거예요.

④ 세탁기에 넣고 **표준코스** 로 돌려 주세요. 세제
는 추가로 넣을 필요 없어요.

✔ 베이킹소다와 세제 대신 피퍼 얼룩 제거제를 뿌리기도 해요.

기계기름 얼룩 완전 정복!

⑥ 페인트

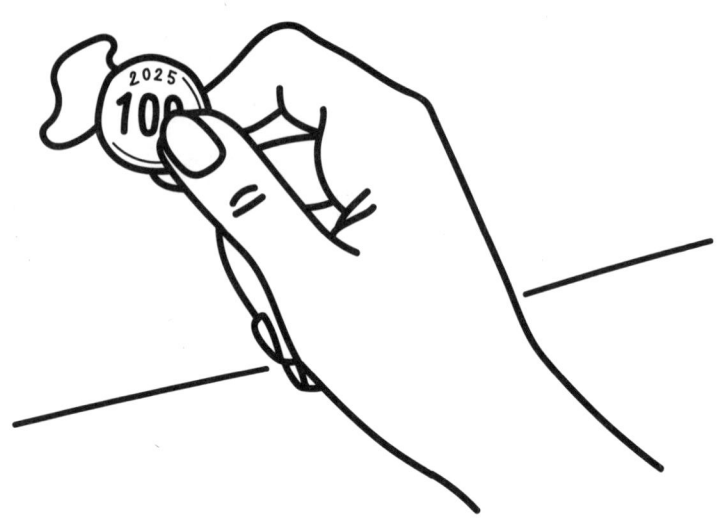

페인트 얼룩 크기가 손톱보다 작을 때, 이 방법
으로 세탁해 보세요! 얼룩이 크면 어쩔 수 없이
자국이 남을 수 있어요.

① 얼룩에 에탄올을 충분히 부어요.
② 동전으로 얼룩 부위를 긁어 주세요. 얇은 옷
은 강약 조절이 필요해요. 나염 프린팅은 에탄올

에 녹을 수 있으니 피해서 닦어 주세요.

③ 얼룩이 어느 정도 희미해지면 다시 에탄올을 충분히 붓고 키친타월을 올려 다시 동전으로 닦어 줍니다. 그러면 키친타월에 페인트가 흡수되어 묻어 나와요.

④ 세탁기에 넣고 표준코스 로 돌려 줘요. 검은색 옷이라면 전용 세제나 블랙 시트를 3장 이상 넣고 세탁해 보세요. 옷을 어둡게 만들어 자국을 가릴 수 있어요.

⑤ 흰색이나 연한 컬러에 얼룩이 남았다면 피퍼 얼룩 제거제를 뿌리고 솔질 후 세탁하세요.

∨ 소주는 안 돼요.
∨ 손 소독 젤도 가능해요.

페인트 얼룩은
100원이면 OK

⑦ 아스팔트

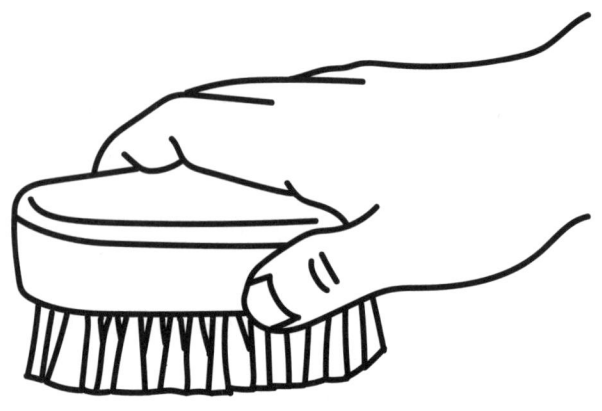

아스팔트 원료는 석유를 증류하고 남은 찌꺼기라 끈끈하고 쉽게 지워지지 않아요. 그래도 아래 방법으로 세탁해 보고 잘 안 지워진다면 2~3회 반복해 보세요.

① 스티커 제거제를 얼룩 부위에 집중적으로 뿌려요.

② 얼룩 부위를 솔질해 주세요.

③ 솔에 주방 세제를 묻혀 다시 솔질해요. 이때! 대충대충 하지 말고 팔이 떨어져 나가도록 솔질해 줘요.

④ 물에 헹궈 주세요. 얼룩이 남았다면 ①번~③번을 다시 반복해요.

⑤ 얼룩이 빠졌다면 세탁기에 넣고 **표준코스**로 돌린 뒤 **자연 건조**해요.

아스팔트 얼룩 이거
하나면 끝!

⑧ 이염

단색 옷을 색 구분 없이 세탁해서 이염이 생겼을 때 아래 방법으로 세탁해 보세요. 단, 단색 옷일 때만 가능한 방법이에요.

배색이 있는 나일론 소재 옷이나 수영복, 흰색 칼라가 있는 블랙 니트 등 흰색과 다른 색이 같이 있는 혼합 배색 옷은 이염되기 정말 쉬워요. 한 번 이염 되면 복구가 어렵기 때문에 가급적 흰색에 원색의 배색이나 검정 배색은 구매하지 않길 추천해요.

오투와셔 활용법

① 액상 세제, 오투와셔 1봉지를 미지근한 물에 잘 섞어 주세요.
② 이염된 옷과 이염 방지 티슈 2~3장을 넣고 조물조물한 뒤 푹 담근 상태로 하루 방치해요.
③ 그다음 세탁기에 넣고 **표준코스** 로 전체 세탁해 주세요.

✓ 단, 배색 옷은 절대 불가!

✓ 세탁기에서 꺼냈을 때 이염이 보이면, 바로 담금 세탁을 해야 빠져요.

✓ 오래된 얼룩, 이염은 빠지기 어려워요.

⑨ 흙탕물

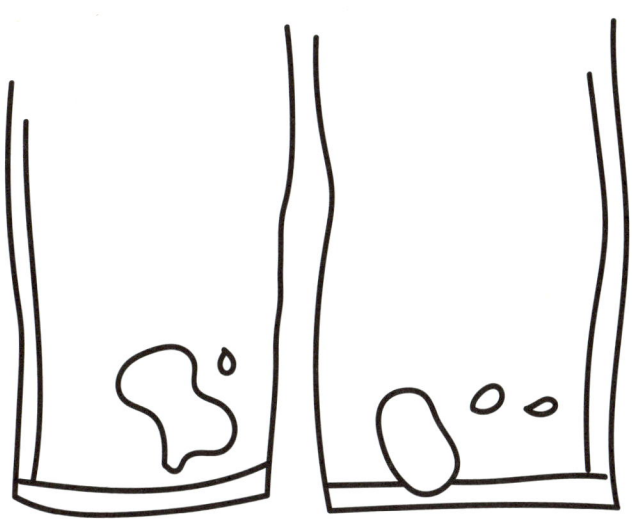

흙탕물이 묻었을 땐 우선 그대로 말린 뒤 솔로 흙을 털어 주세요. 만약 젖은 상태에서 비비면 오히려 색이 착색될 수 있어요.

① 흙을 먼저 충분히 털어 내고 흐르는 물에 씻어 내요.

② 얼룩 부위에 오투와셔와 세제를 뿌리고 비빈

289

뒤 솔질해요.

③ 얼룩이 심한 정도에 따라 12~24시간 그대로 방치해 주세요.

④ 세탁기에 세제를 넣고 꼭 전체 세탁해 주세요.

⑩ 그을림

캠핑하다가 모닥불에 옷이 그을렸을 때 이렇게 복구해 보세요. 물론 타 버린 옷은 복구가 어려워요.

① 미지근한 물에 베이킹소다 1컵과 세제 1숟가락을 넣고 잘 섞어 줘요.
② 그을린 얼룩에 섞은 세제를 뿌리고 잘 비

벼요.

③ 얼룩이 남았다면 백식초를 붓고 다시 비벼요.

④ 그다음 세탁기에 넣고 표준세탁 으로 돌려 주
세요.

⑤ 그래도 얼룩이 남았다면 대야에 물을 받아 오
투와셔와 세탁 세제를 섞은 뒤 옷을 12~24시간
담그고 중간에 여러 차례 비벼 주세요. 건져서
세제 넣고 세탁하세요.

불난 집 옷 구하는
3가지 방법

STEP 4. 소통

혹시 안 좋은 댓글이나 디엠이 왔다고? 그것 또한 관심이다.

〈나는 동고윤 선생님이다.〉

드라마 「정신병동에도 아침이 온다」에 동고윤 선생님이 나온다. 동고윤 선생님은 강박증이 있다. 사실 나도 그렇다. 가끔 주변에서 왜 이렇게까지 디엠을 하냐고 한다. 나는 너무 궁금하다. 내 계정에 와서 무슨 이야기를 남기는 걸까? (이미 많은 인스타그래머들이 디엠을 포기해 버린 경우가 많다.)

디엠을 전부 확인하는 몇 가지 이유가 있는데 첫째, 동고윤 선생님처럼 강박증이 있다. 궁금하면 미친다. 그래서 다 열어 본다.

둘째, 나는 매주 공동 구매를 오픈한다. 제품을 산 고객들의 이야기를 듣지 않을 수 없다. 우리 이런 경험 있지 않나. 동사무소 갔는데 구청 가라고 하고, 구청 갔는데 동사무소 가라고 한 경험. 이게 얼마나 짜증나는 일인가. 프로필에 CS와 네이버 톡톡 전용 링크가 따로 있지만 일단 나에게 온 CS는 끝까지 내가 맡는다. 난 적어도 〈본사에 문의하세요〉라고 떠넘기지 않으려고 한다. 하루에 많은 시간을 할애해 디엠을 한다. 직원을 쓸 수도 없다. 왜냐. 나를 만나러 온 팔로워이기에 내가 직접 대화를 나누고 기억해야 한다. 가끔 디엠을 하고 있으면 남편이 궁금해 한다. 왜 웃냐고, 뭐가 그렇게 웃기냐고. 내가 디엠하면서 히죽히죽 웃거나 깔깔거린단다. 그렇게 난 24만 명과 매일 만나고 있다.

힘드냐고?

NO! 난 이분들에게서 응원을 받고 힘을 얻는다. 계정을 키우고 싶다면 단 한 명의 소통도 지나치지 마라. 다들 손가락을 꺾으며 동고윤 쌤이 되어 봐라.

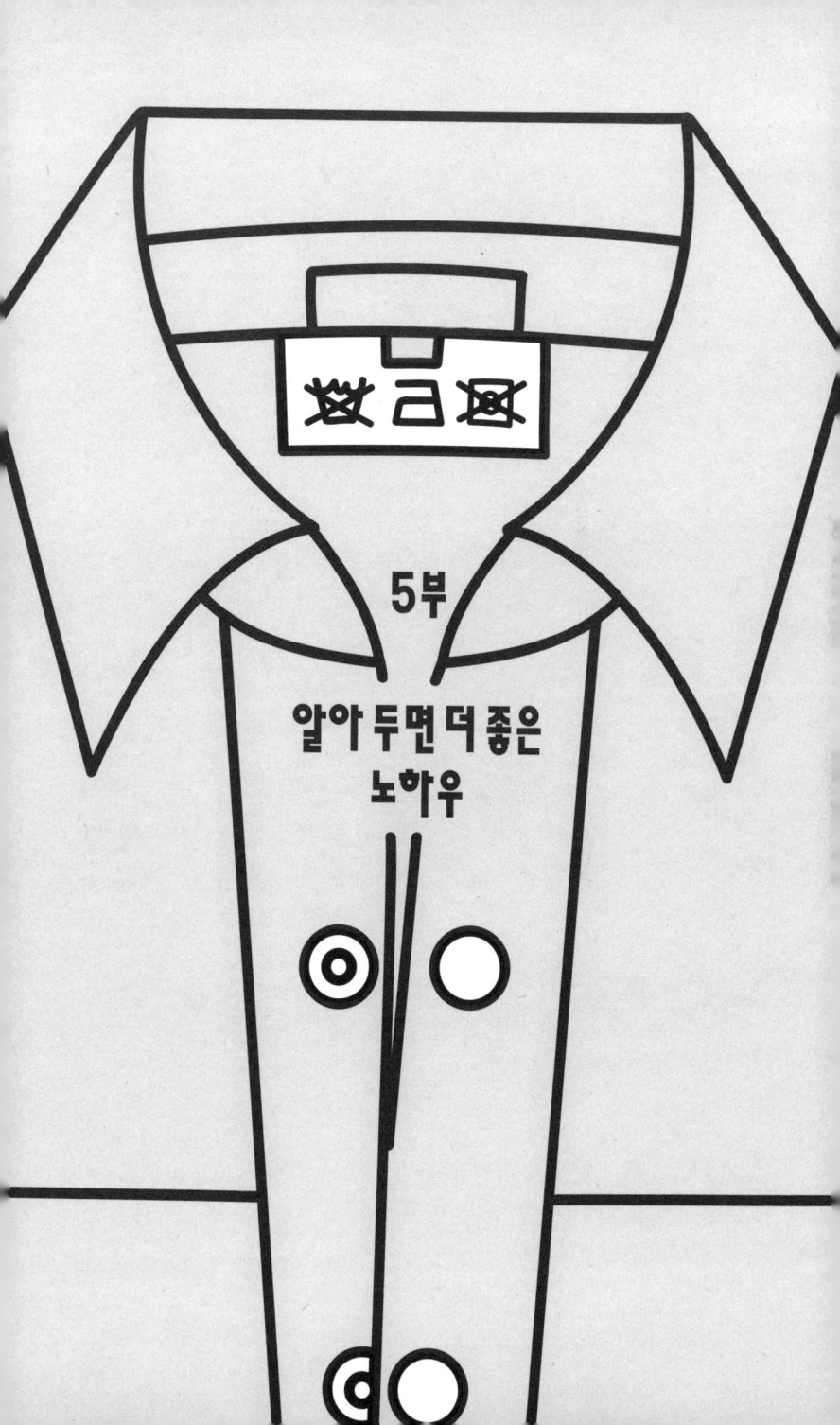

5부

알아두면 더 좋은
노하우

옷을 살 때

옷을 살 때부터 품질 라벨이나 디자인을 살펴보고 잘 고르면 이염이나 변형 같은 사고 없이 더 손쉽게 세탁할 수 있고 오래 입을 수 있어요. 옷을 구매할 때 알아 두면 좋은 정보를 알려 드려요.

① 품질 라벨을 보자

사실 옷을 만들 때는 디자인에 집중해 세탁을 고려하지 않는 경우가 많아요. 같이 사용하지 말아야 할 소재의 조합이나, 컬러 등 세탁을 전혀 염두하지 않은 옷이 많답니다. 예를 들면 니트와 패딩 조합, 면과 가죽 조합, 울과 실크 조합, 흰색과 검정색 배색, 흰색과 빨간색 조합 등이요. 가끔 디엠 문의로 〈드라이클리닝 금지, 물세탁

299

금지〉와 같은 어처구니 없는 품질 라벨을 보게
돼요. 외국 옷은 손세탁이 많은 대신 우리나라
옷은 〈반드시 드라이클리닝〉이 많아요. 이건 세
탁 후에는 옷이 손상되어도 〈책임지지 않겠다〉는
뜻과 같아요. 〈반드시 드라이클리닝〉이라고 해
서 세탁소에 믿고 맡겨도 옷이 망가지는 경우도
있어요. 앞으로는 원단과 친해져 무조건 드라이
클리닝 하지 말고 원단에 따라 집에서 세탁해 보
세요. 특히, 인조가죽은 드라이클리닝이 불가하
고 면 의류, 패딩은 무조건 드라이클리닝 하지
마세요. 모 50% 미만이 함유된 의류라면 집에서
손세탁 가능합니다.

아직도 품질 라벨에
속고 있나요?

② 섬유 소재에 맞는 세탁 레시피

품질 라벨을 보면 가장 많이 함유된 섬유 소재를 알 수 있어요. 가장 많이 함유된 섬유 소재에 맞는 세탁 방법을 이해하고 있으면 옷을 구매할 때부터 관리가 쉬운 옷을 고를 수 있을 거예요. 물론 세탁할 때도 도움이 되겠죠?

폴리에스터

플라스틱으로 만든 소재로 내구성이 좋고 관리가 편한 대표적인 섬유예요. 주름이 생기지 않고 늘어지지도 않아 세탁해도 형태가 그대로 유지되어 관리가 쉬워요. 그래서 운동복, 아웃도어, 가방 등 다양한 의류와 액세서리에 사용해요. 우리가 흔히 〈뽀글이〉라고 부르는 원단도 폴리에스터예요.

✔ 뜨거운 물로 고온 세탁만 피하면 막 돌려도 돼요. 중성세제를 넣고 표준코스 로 돌린 후 꼭 섬유유연제를 사용해 주세요.

면

가장 많은 사람들이 애용하는 원단으로 특히 여름철 티셔츠를 면으로 많이 만들어요. 천연섬유라 민감한 피부에도 자극을 주지 않아 수건뿐 아니라 아기 옷까지 다양하게 쓰이고 있어요. 땀흡습력이 뛰어나다는 장점이자 단점 때문에 자주 세탁하지 않으면 곰팡이와 세균이 옷에 침투해 악취가 날 수 있어요. 그리고 세탁하면서 수축과 변형이 쉽게 생겨서 요즘은 폴리에스터나 리넨을 섞어 혼방 가공하기도 해요.

✔ 면에 생긴 얼룩은 바로 애벌로 지우고 빨래도 묵히지 마세요! 바로바로 세탁하고 기계 건조에 자연 건조까지 더해 바짝 말려야 곰팡이나 냄새가 나지 않고 흰색은 더 하얗게 유지할 수 있어요. 그렇다고 세제를 많이 넣지 마세요. 세제의 양은 세척력과 비례하지 않아요.

실크

천연 단백질 섬유로 가볍고 착용감이 뛰어나며 보온성이 우수해요. 하지만 햇빛에 잘 바래고 흡습성이 좋아 습기에 약해서 땀 얼룩이나 향수에 취약해요. 세제가 안 맞거나 기계 세탁을 하면 뻣뻣해질 수 있어요.

✔ 중성세제로 미지근한 물에 반드시 손세탁하세요. 단! 색이 빠질 수 있으니 조심하세요.
✔ 비틀어 짜지 말고, 수건에 말아 물기를 제거 후 그늘에서 자연 건조해요. 건조 후 낮은 온도로 다림질하면 깔끔해져요.

울

울 섬유는 드라이클리닝을 추천해요. 집에서 세탁하면 줄어들거나 변형되기 쉽거든요. 울 섬유 특성상 오염이 깊숙이 박히지 않기 때문에 자주 세탁할 필요는 없어요. 집에서 관리만 꾸준히 해줘도 세탁소에 맡기는 횟수도 줄이며 오래 입을 수 있어요.

✔ 울 코트는 보풀 제거기나 돌돌이를 사용하지 말고, 물을 뿌린 후 스크레이퍼를 이용해서 먼지와 보풀을 제거하고 돈모 솔로 빗어 결을 정리하면 항상 새 옷처럼 입을 수 있어요.
✔ 울과 다른 섬유가 섞인 혼방 소재일 경우에는 중성세제와 섬유유연제를 넣고 울코스ㅣ약탈수 로 세탁한 후 옷걸이에 걸어 자연 건조하고, 스팀 다리미로 다려 주세요.

인조 가죽

요즘은 천연 가죽보다 인조 가죽(페이크 가죽)의 수요가 늘고 있어요. 완성도가 높아 천연 가죽인지 인조 가죽인지 헷갈리는 경우도 많고요.

✓ 인조 가죽은 세탁기, 물세탁, 드라이클리닝 모두 금지!

✓ 마찰과 물에 약하고 드라이클리닝의 화학 성분도 인조 가죽을 손상시켜요. 얼룩이 생겼다면 인조 가죽 전용 클리너보다 물에 중성세제를 조금 희석해서 물수건으로 얼룩 부위만 닦아 준 뒤 한 번 더 깨끗한 물수건으로 닦아 내고 그늘진 곳에 말려 주세요. 햇빛에 말리면 색이 변하거나 갈라질 수 있으니 그늘에 말려야 해요.

✓ 다림질도 금지!

✓ 보관할 때 최대한 접히지 않게 옷걸이에 걸어 보관하고 가방이라면 평평한 곳에 충전재를 넣어 보관해요.

나일론

나일론은 튼튼하고 가벼우면서 빠르게 건조되어 아웃도어 의류에 많이 사용되는 소재에요. 오염은 잘 빠지지만 햇빛과 고열에 약해요.

✔ 꼭 중성세제를 사용해요. 알칼리성 세제나 물 온도가 높으면 색이 변할 수 있어요.

✔ 건조기의 높은 열은 수축의 원인이 되니 온도를 낮춰 돌려 주세요.

✔ 햇빛에 취약해서 색이 쉽게 바랠 수 있어요. 잘 말린다고 베란다에 뒀다가 색이 바랬다는 문의가 끊이질 않아요.

✔ 기계 건조하거나 드라이 시트 사용 시, 얼룩질 수 있어요.

③ 직물(직기)와 편물(다이마루)

원단은 크게 원통형의 기계로 만들어 내는 방식
의 편물과 실을 가로, 세로로 교차를 해 만드는
직물로 나눌 수 있어요. 편물은 안쪽 면을 보면
뜨개질한 것처럼 보이는 것이 특징이고, 티셔츠
종류가 대표적이에요. 면이나, 리넨, 마, 옥스
퍼드 등은 대표적인 직물 원단이에요.

다이마루도 편물 원단 중 하나예요. 〈다이〉는 일

본어로 크고 넓다는 의미고, 〈마루〉는 둥그렇다는 의미예요. 즉 넓고 둥그렇게 말아진 천을 뜻합니다. 편직기라는 기계로 만드는 다이마루는 넓고 커다란 천이 둥그렇게 말아져 나오기 때문에 이렇게 이름이 붙여졌어요. 기모나 시보리, 후라이스가 대표적인 다이마루입니다.

다이마루 원단은 용수철만큼 밑으로 축 처지진 않지만 그래도 텐션이 있어 물리적 힘을 가하거나 약품을 사용하면 늘어날 수 있어요. 반면 직물은 잘 늘어나지 않아요. 그래서 옷이 줄었을 때 직물로 만드는 와이셔츠, 블라우스, 면바지, 청바지는 다시 늘릴 수 없고 다이마루 원단으로 만드는 면 티셔츠, PK티, 맨투맨, 후드 티셔츠는 물리적으로 힘을 가해 다시 늘릴 수 있어요.

단, 기술이 발달하면서 직물 중 잘 늘어나는 스판이나 다이마루 중 강제로 보풀을 일으켜 만든 기모 원단 같은 예외가 있기도 해요.

양이 문에 쫓아 하인

세탁하기
전에

이염 없이 더 깨끗하게 세탁하기 위해 세탁기를
돌리기 전에 꼭 확인하세요.

① 컬러 분류하기

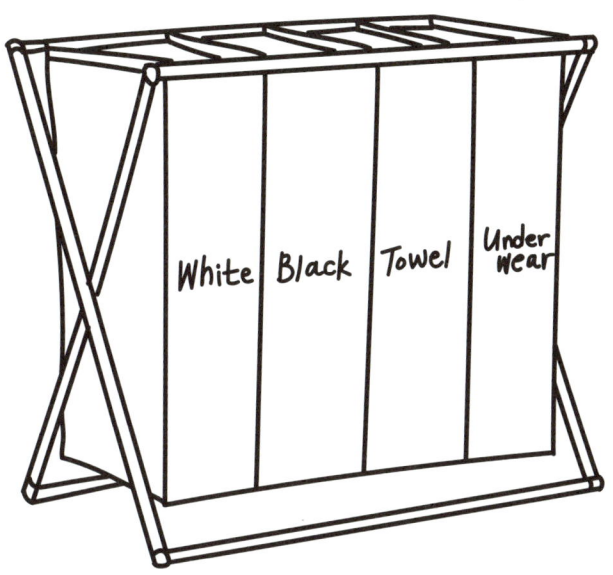

하루에 받는 문의 중 100건 이상이 이염이에요. 염료의 착색은 빼기 힘들어 한번 이염, 탈색, 변색되면 복구가 거의 불가능하기 때문에 가급적 세탁하기 전에 컬러를 분리해 주세요. 모든 컬러를 구분하지 못하더라도 적어도 흰색, 검은색, 수건은 꼭 나누어 세탁하는 게 좋아요.

① 흰색
② 검은색
③ 수건
④ 컬러 옷

1~3인 가족이라 색깔별로 옷을 모으기 애매하다면 이염 방지 시트를 넣고 세탁하세요.
또는 붉은 계열 옷은 검은색과 같이 빨고, 파란 계열 옷은 흰색 빨래와 빨아도 돼요. 붉은색 물 빠짐은 검은색 옷에 흡수되고, 파란 물 빠짐은 흰옷을 더 하얗게 하는 효과가 있거든요. 단! 청바지는 제외입니다.
흰 옷은 이염 시트를 넣어도 이염될 수 있으니 가급적 분리 단독 세탁하며 오투와셔를 추가로 넣으면 표백이 잘 돼요.

빨래 컬러 구분법

세탁 전 컬러 분류

② 꼭 뒤집어요

① 에코백: 먼지나 쓰레기를 미리 제거하고 세탁해야 해요.

② 청바지: 뒤집어 세탁해야 물 빠짐을 줄일 수 있어요.

③ 면 티셔츠: 특히 프린트, 나염 티셔츠는 꼭 뒤집어 주세요.

④ 양말: 발에서 나온 분비물이 3배 더 잘 제거되고 냄새 방지 효과도 있어요.

⑤ 옷에 와펜, 지퍼 등 장식이 많을 경우 뒤집으세요.

⑥ 기모 옷은 기모 안에 인체에서 나온 각질이 박힐 수 있으니 뒤집어 세탁하세요.

⑦ 패딩은 세탁망에 넣지 마세요. 겉감을 보호하려면 차라리 뒤집어 세탁하세요.

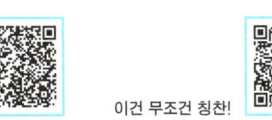

속 뒤집어져요?
이것도 꼭!
뒤집어 봐요

이건 무조건 칭찬!

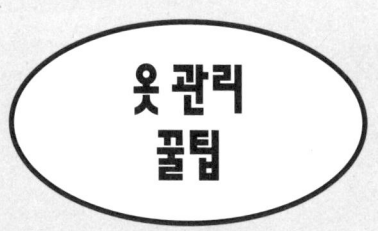

옷 관리
꿀팁

세탁이 끝이 아니죠? 보관과 관리도 잘해야 옷을
더 오래오래 좋은 상태로 입을 수 있어요. 계절
상관없이 알아 둬야 하는 옷 관리 방법을 소개
해요.

① 바지 거는 방법

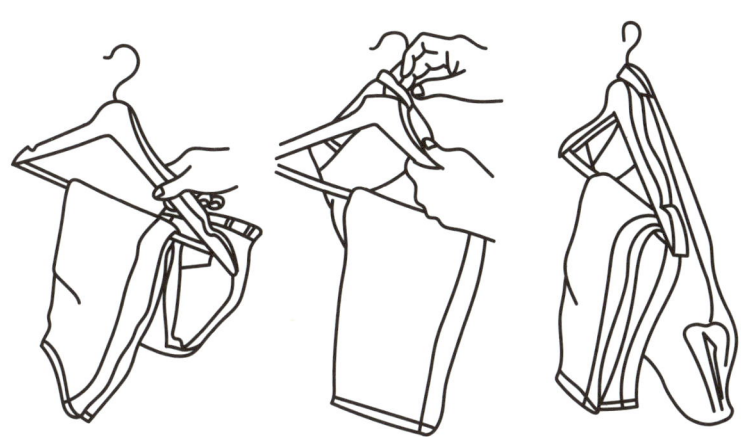

방법 1. 바지 아랫단부터 3분의 1지점에 옷걸이를 걸고 벨트 고리를 옷걸이 목에 걸어 주세요. 이렇게 정리하면 바지를 찾기도 꺼내 입기도 편하답니다.

리바이스 직원도 울고 갈
청바지 정리

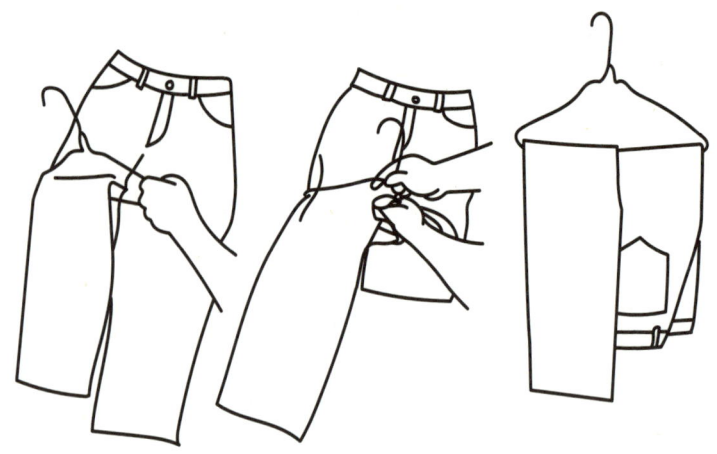

방법2. 바지를 바닥에 펼친 상태에서 아랫단부터 2분의 1 지점에 세탁소 옷걸이를 걸어요. 다리 한쪽만 옷걸이 뒤로 뺀 뒤 아래에서 위로 걸어주세요. 그러면 옷걸이가 휘거나 바지가 떨어질 일 없이 옷장 안 부피도 줄일 수 있어요.

이래도 그냥 버려? 평생
써먹는 세탁소 옷걸이

② 세탁소 비닐

세탁소에 세탁 맡긴 후 비닐은 무조건 바로 제거해 주세요.

드라이클리닝은 물로 세탁하는 게 아니라 세탁부터 건조까지 석유 용제와 화학용품을 사용하기 때문이에요. 요즘은 천연제품 사용률이 높긴 하지만 모든 세탁소가 해당하진 않아요.

드라이 세탁 후 말릴 때 사용하는 트리클로로프롬에틸렌(TCE)는 국제 파킨슨 학술지에서 파킨슨병 발병률을 5배 높인다고 발표한 성분으로 옷에 잔류해 피부나 호흡기로 흡수될 수 있어요. 그러니 비닐을 바로 제거하고 베란다 창문을 열어 3~4시간 햇빛에 꼭 환기해 주세요.

특히 패딩은 비닐을 벗기지 않아 얼룩진 사례가 많아요.

왜? 세탁소 비닐은 꼭!
뜯어야 하나요

알아두면 더 좋은 상식

③ 울 코트 장기 보관

• 세탁소에 드라이클리닝 맡긴 후 찾아오자마자 비닐부터 벗기세요. 간혹 석유 용제가 덜 말라 색이 변하거나 화학 성분으로 냄새가 날 수 있거든요. 베란다에 반나절 걸어 두세요.

• 울 코트는 결이 생명이기 때문에 옷솔로 잘 빗어 주세요. 간혹 중국산 옷솔은 털 빠짐이 있으니 국산 제품을 사용하길 추천해요.

• 세탁소 옷걸이는 어깨선을 망가트려요. 어깨가 둥근 옷걸이로 교체해 주세요.

• 부직포 커버를 씌워 보관해 주세요. 세탁소 비닐 채로 보관하면 통기성이 떨어져 얼룩이나 곰팡이가 생길 수 있어요.

• 세탁소 부직포도 벗기세요.

④ 니트 보풀 제거

보풀 제거기를 잘못 사용하면 올이 뜯기기도 해요. 평평한 바닥에 놓지 말고, 손바닥 위에 옷을 놓고 사용해 보세요.

수시로 칼날을 교체하고 보풀 제거기를 구입할 땐 칼날 리필을 별도 판매하는지 체크하세요. 가급적 니트의 보풀은 돈모 솔로 빗어 주고 단모 니트일 땐 보풀 제거기를 사용하는데 보풀 제거 후 돈모 솔로 빗어 주면 결이 정리돼요.

✔ 보풀 제거기는 전기 충전식을 추천해요. 특히 충전 중에도 보풀 제거를 할 수 있는 모델로 추천합니다.

절대 실패 없는
보풀 제거기 사용법

⑤ 스타일러 없이
니트 냄새 1분 만에 빼기

음식이나 담배 냄새가 배어 그다음 날 냄새가 그 대로라고요? 외출하려는데 세탁을 깜박 잊었다 고요? 세탁소 비닐 안에 옷을 뒤집어서 넣고 패 브릭 퍼퓸(탈취제, 향수 등)을 2회 뿌려요.

입구를 모아 한 손에 쥐고 헤어드라이어로 바람 을 넣어 줘요. 중간 온도로 시작해 냉풍으로 30초만 더 바람을 쐬어 주면 냄새가 싹 사라 져요.

스타일러 없이 니트 냄새
1분 만에 빼는 법

⑥ 정전기 방지

습도가 낮아질수록 정전기가 잘 발생해요. 그래서 건조한 가을, 겨울철에 전기가 몸에 오래 머물러 있다가 마찰이 생길 때 한번에 전류가 빠져나가며 스파크가 일어나고 기분 나쁜 정전기를 느끼게 되죠.

이럴 때 옷핀 하나만 꽂으면 옷핀이 대신 전류를 흡수해서 정전기를 막을 수 있어요. 담요, 바지 안감, 니트 안쪽에 옷핀을 하나 꽂아 보세요.

가습기를 이용해서 집안의 습도를 올리고 보습제를 자주 발라 주어도 정전기를 예방할 수 있어요. 특히, 가을, 겨울철 섬유유연제는 꼭 사용하세요.

✔ 섬유유연제는 속옷과 수건, 기능성 의류에는 금지!

우리 사이 정전기
이거 하나면 끝!

⑦ 바지 끈, 후드 끈 빠졌을 때

세탁하다가 후드나 바지 끈이 빠지는 경우가 많죠? 이 방법으로 끈을 다시 쉽게 끼워 보세요.

① 먼저 빨대를 손가락 길이로 잘라 끈 한 쪽을 빨대 안에 넣어 주세요. 그리고 스테이플러로 집어서 빨대와 끈을 고정해요.
② 그다음 빨대를 한쪽 구멍에 넣어 반대쪽 구멍으로 밀어서 빼주세요.
③ 끈에서 스테이플러 심과 빨대를 빼면 끝!
④ 세탁 전이나 후에 끈 끝부분 매듭을 잘 지어주면 잘 빠지지 않아요.

바지 끈, 후드 끈
3초 만에 끼우기

⑧ 스팀 다리미

스팀 다리미에 수돗물을 넣지 마세요! 꼭 정수기 물을 사용하세요.

우리나라는 그나마 수돗물에 석회질이 적은 편이긴 하지만, 이 석회 성분이 스팀 다리미의 분출구를 막을 수 있어요.

또, 스팀을 시작할 때 첫 스팀은 밖으로 한번 빼주세요. 첫 온도가 너무 높아 옷이 변형될 수 있어요. 다림판을 수시로 닦아 옷에 먼지가 묻지 않게 미리미리 예방하세요.

스팀 다리미에
물 넣는다고요?

⑨ 속옷 버릴 때

낡은 속옷은 걸레로 사용하지 말고 잘 버리는 게 좋아요. 가위로 세로로 한 번 자른 후, 검은색 봉투나 비치지 않는 봉투에 넣고 밀봉하여 일반 쓰레기로 버려 주세요.

✔ 믿거나 말거나!

입던 옷을 나눔할 땐 옷장에서 바로 꺼내 나눔하지 말고 1주일 정도 현관에 뒀다가 나눔하래요. 자기의 금전 운도 옷과 함께 나눠진다는 이야기가 있어요.

반드시! 속옷은
이렇게 버리세요

이런 것도
세탁해요

옷만 세탁한다는 생각은 금물! 이불, 베개 등 매
일 사용하는 생활용품들도 세균, 먼지가 생기지
않도록 주기적으로 세탁해 주세요.

① (세탁 가능한) 전기 매트, 전기담요

① 먼저 청소기나 돌돌이로 먼지를 충분히 털어 내요.

② 전기 매트를 ㄹ자로 접어 세탁기에 넣어 주세요. 세제는 최소로 넣어요.

③ 중성세제를 넣고 **빠른 세탁 | 30℃ | 헹굼 2회 | 중탈수** 로 돌려요.

물에 너무 오래 담그면 안 되기 때문에 세탁 시간을 최소화하세요.

④ 세탁 후 반드시 자연 건조해 주세요.

✔ 전기 매트 금지 사항

• 표백제나 알칼리성 세제, 가루 세제는 피하세요.

• 통돌이 세탁기에 넣지 마세요. 드럼 세탁기와 달리 세탁 시간 내내 물에 잠기기 때문에 제품에 무리를 줘요. 통돌이 세탁일 경우 꼭 세탁 시간을 최소로 해주세요.

• 건조기에 절대 넣지 마세요.

• 사용 시 가급적 평평하게 펼쳐서 사용하세요. 소파나 의자에 올리면 매트가 꺾일 수 있어요.

• 세탁 가능한 제품이라고 자주 세탁하지 말고 1년에 1번 정도만 세탁하세요.

전기 매트
여기에 넣지 마요

② 선글라스

유분기가 많이 묻는 선글라스 렌즈는 꼭 주방 세제로 세척해 주세요.

세탁 세제, 바디 클렌저, 비누, 샴푸는 모두 세정력이 강해 렌즈 코팅이 벗겨질 수 있어요.

사용하지 않을 땐 꼭 케이스에 넣어 보관하고 장시간 햇빛 노출이 많을 땐 일정한 기간에 교체해 주세요.

선글라스 이 세제로만
닦아 주세요

③ 화장용 퍼프

변기보다 더럽다고도 말하는 화장용 퍼프. 가급적 세척보다는 주기적으로 교체해 주세요. 그래도 세척한다면!

① 먼저 키친타월로 감싸서 꾹꾹 눌러 남은 화장품을 제거해요.
② 그다음 지퍼백에 퍼프와 클렌징 폼, 물을 조금 넣고 조물조물 세척해 주세요. 이때 피퍼 얼룩 제거제를 써도 돼요.
③ 물로 잘 헹군 뒤 햇빛에 자연 건조하거나 헤어드라이어로 말려 주세요.

변기보다 더러운 퍼프
손에 안 묻히는 세척법

④ 베개

베개에 변기나 스마트폰보다 세균이 많다는 사실 알고 계셨나요? 앞으로 상쾌하게 베개 관리해 봐요.

• 솜은 1~2년마다, 라텍스 메모리는 3~4년마다 교체해요.
• 햇빛 좋은 날은 충전재를 꺼내 주 1회 5시간 이상 햇빛에 살균해요.
• 베개 커버는 주 1회 이상 무조건 세탁해 주세요. 특히 머리가 짧은 사람일수록 베개가 누렇게 변하기 쉬우니 더 자주 세탁해야 해요. 이때 오투와셔를 이용하세요.
• 버릴 때는 재활용이 아니라 종량제 봉투에 넣어 버려 주세요.

뻔히 알면서도 안하는
베개 관리 3가지

⑤ 이불

이부자리는 우리가 하루 중 가장 오래 머무는 곳이기도 하고 자면서 흘린 땀으로 이불이 노래질 수 있어 주기적으로 세탁해 줘야 해요. 하지만 집에 있는 세탁기로는 큼직한 이불을 세탁하기 어렵죠. 특히 드럼 세탁기는 세탁과 헹굼이 제대로 안 되는 경우가 많아서 부피가 크거나 사이즈가 클 땐 셀프 빨래방 이용을 추천해요.

이불 세탁법

겨울 이불은 2~3주에 한 번, 여름 이불은 1~2주에 한 번 세탁하세요.

① 줄지 않는 원단의 이불일 경우, 먼저 충전재의 공기압을 모두 빼주세요.

② 오투와셔, 피퍼 세제를 넣고 **표준코스 | 40°C | 헹굼 5회** 로 세탁해요.

③ 뽀송하게 말릴 수 있도록 건조기를 15분 정도 한 번 더 돌리거나 자연 건조까지 해주면 좋아요.

✔ 여름 이불을 세탁할 때 구겨 넣지 말고, ㄹ자로 잘 접어서 넣어요. 극세사 이불, 부피가 큰 겨울 이불은 세탁소에 맡겨 주세요.

✔ 솜 베개를 세탁할 때 드럼 세탁기에 베개를 꼭 2개씩 넣어 주세요. 솜이 분리되는 걸 방지하기 위해 움직일 공간 없이 꽉 차게 넣어 줘야 하거든요. 베개는 통돌이 세탁기 안에선 둥둥 떠다니기 때문에 드럼 세탁기로만 세탁할 수 있어요.

✔ **이불 쇼핑 팁**
• 색이 너무 진하거나 흰색과 검은색, 흰색과 원색 등 배색이 있는 이불은 가급적 구매를 피해요.
• 퀸이나 킹 사이즈보다는 가급적 싱글 사이즈 이불을 여러 개 구입하면 집에서도 쉽게 세탁할 수 있어요.
• 침구류를 살 때 높은 온도로 세탁할 수 있는 제품을 추천해요. 물세탁 금지라고 적혀 있거나, 드라이클리닝을 하라거나 말도 안 되게 손세탁을 요구하는 제품들은 피하세요.

• 뒹굴며 자는 아이들한테 미끌거리는 원단의 이불은 추천하지 않아요. 자다가 이불이 바닥에 떨어질 수 있어요.

• 여름 이불 중 찬물 세탁만 가능한 제품도 일단 거르세요. 여름 이불은 땀으로 노래지기 쉬운데, 찬물에 누런 얼룩은 잘 안 지워지거든요. 이럴 때 표준코스 | 40℃ 로 오투와셔 1봉지와 세제를 넣고 돌려 주세요.

드럼 세탁기에
이불을 빤다고요?

이불 세탁,
이불 쇼핑

⑥ 샤워 타월

매일매일 쓰는 샤워 타월이 변기보다 더러울 수 있어요. 집에서 습도가 가장 높은 화장실에 계속 보관하기 때문에 세균이 번식하기 딱 좋거든요. 일주일에 한 번은 샤워 타월도 세탁해 주세요.

① 비닐봉지에 베이킹소다 1스푼, 물 1/2컵을 넣고 샤워 타월을 넣어 조물조물해요.
② 그대로 5분 방치하고
③ 깨끗이 헹군 후 햇빛에 말리면 끝!

아이와 어른용 샤워 타월을 구분해서 사용하고 따로 세탁해요. 세균, 각질이 몸에서 몸으로 옮겨 다닐 수 있어요. 1년에 3, 4번 계절이 바뀔 때마다 교체하세요.

혹시? 몸에 세균을
묻지르나요?

⑦ 수건

수건은 올이 있어 다른 옷과 같이 세탁 시 외출복의 원단을 손상하고, 외출복의 먼지가 몸에 닿는 수건에 옮겨질 수 있기 때문에 수건끼리만 따로 세탁하는 게 좋아요. 섬유유연제 사용도 금지입니다.

만약 수건의 썩은 냄새, 쉰내가 베이킹소다, 식초에 담가도 없어지지 않는다면 락스로 세탁해 보세요. 단, 락스 사용할 때 희석 농도는 1:200. 수건 5장 기준 물 10L에 락스 50ml를 섞어요. 탈색이 되지 않는지 테스트해 본 뒤 10분 담가 주세요. 그후 세탁기에 넣어 헹굼, 탈수로 돌려 주세요.

✔ 오투와셔 1봉과 세제를 넣고 60℃로 돌려도 돼요.
✔ 락스는 뜨거운 물에 절대 사용 금지! 세제, 과탄산소다, 구연산, 식초와 같이 쓰면 염소 가스가 발생하니 주의하고 꼭 창문을 열고 환기하며 고무장갑을 끼고 사용해 주세요.

썩은 수건도 살리는
1:200 황금 비율

새 수건 세탁법

건조기에 먼저 20분 돌리고 세제를 최소로 조금
넣고 `표준세탁` 으로 세탁하세요.

수건 세탁법

평소엔 `표준코스` 로, 1~2주에 한 번은 세제와 오
투와셔를 넣고 `표준코스 | 60℃ | 헹굼 5회 | 강탈수`
로 돌려 주세요. 굳이 삶지 마세요.

STEP 5. 물건을 사라, 많이 사라

계정을 운영하다 보면 하루에 수십 개의 제안이 온다. 난 공동 구매 제안을 받지 않는다. 지금도 꾸준히 제안서를 보내는 분들에겐 미안하다. 하지만 그 제안은 내가 아마 24번째나 107번째로 받은 걸 수도 있다. 내가 아니더라도 조금만 스크롤을 내리면 이미 공동 구매를 하는 사람이 많다.

흔하디흔한 남이 팔고 있는 그럼 제품 말고 진짜 내 팔로워에게 도움이 되고 내 계정에 맞는 제품을 골라라. 정말 생뚱맞게 요리 계정에서 전자담요를 팔거나 살림 계정에서 아이들 문제집을 파는 실수는 하지 말자. 매출에 급급하면 조급해지고 그게 영상에서 느껴질 수 있다.

그래서 어떻게 하냐고?

물건을 많이 사보고 시장 조사를 해봐라.

예를 들어서 내가 얼마 전 치약을 오픈했을 때
다. 이것도 앞서 말한 예시처럼 계정에는 맞지
않을 수 있지만 팔로워의 요청이 많거나 찐팬이
있다면 오픈해도 된다. 난 이 치약을 판매하기
전 15개 이상의 치약을 써봤다. 2024년 3월에
공구를 제안 받아 12월에 오픈했다. 적어도
10개월간 백화점, 편집숍, 면세점, 마트, 인터
넷에서 치약을 사보고 써보고 오픈한다.
내가 그 제품에 대해 최고로 만족해야 오픈할 수
있다. 그러기 위해 많이 보고 많이 사라. 그래서
난 〈소비 요정〉이다.

STEP 6. 두려움과 이겨냄

영상을 찍고

열심히 편집하고

소통하고

틈틈이 공동 구매를 진행하면

사실상 집은 난장판이다.

영상 속에 아주 깔끔한 집을 봤다면 그 뒤는 전쟁
터나 다름없다. 잠도 못 자고 슬슬 허리도 아프
고 눈도 안 좋아진다. 아이들과 남편에게 눈치도
보이고 내가 이게 맞나 싶을 때가 있다. 이걸 참
고 하루하루 영상을 올리는데 조회수가 연이어
폭망일 때가 있다. 이게 반복되면 지치고 늪에
빠질 때가 있다.

이럴 때! 처음을 생각해라.

난 처음 조회수가 6천이 나올 때 너무 신기해서 잠이 안 왔다.
〈아니 6천 명이 나를 봤다고?〉
근데 지금은 6만 명이 봐도 다른 의미로 잠이 안 온다.
〈왜 이러지?〉
〈왜 똥망이지.〉
욕심을 버리고 숫자를 보지 마라. 남의 팔로워 수나 조회수를 보지 마라. 그럼 어떻게 하냐고? 내 첫 영상을 다시 봐라. 내가 이만큼 성장한 걸 다시 확인하고 디엠을 열고 댓글을 달고 다시 영상을 찍어라. (나도 오늘 내 첫 영상을 봐야겠다.) 간혹 지칠 땐 잠시 쉬어도 좋다. 단, 이틀 이상 금지! 지쳐도 해야 이겨낼 수 있다.

아이가 학교 갔다 오더니 반 친구들이 꿈꾸는 직업 2위가 유튜버라고 한다. 맞다! 초딩도 꿈꾸는 매력적인 직업이다. 극소수지만 일반 직장인들이 꿈꾸지 못하는 돈을 벌 수도 있다. 어린아이부터 92세 할아버지까지 다 할 수 있다. 실제로

92세 할아버지 유튜버도 있다.

하지만 콘텐츠를 어떻게 얼마나 올리고 내 관리를 얼마만큼 잘하느냐가 관건이다. 그리고 약간의 센스도 필요하다.

언제까지 부모만, 남편만, 자식만 바라보고 살건가. 언제까지 직장 하나만 보고 살 건가. 최소한 나보다 어리다면 도전해 보길 바란다!

위 내용대로만 하면 적어도 2년 후엔 정말 놀라운 일이 벌어질 거다!

때를 아는 세탁

지은이 조용미(땡스맘)

구성·편집 박혜진

기획·편집 홍유진

디자인·일러스트 상록

발행인 홍유진

발행처 에피케

주소 서울시 마포구 월드컵북로5길 33, 동아빌딩 202호

대표전화 02-334-2024

홈페이지 www.epikhe.com

인스타그램 @epikhe_books

이메일 hello@epikhe.com

에피케는 여러분의 소중한 원고를 기다립니다.

Copyright (C) 조용미, 2025, *Printed in Korea.*

ISBN 979-11-991112-1-9 13590

발행일 2025년 5월 26일 초판 1쇄 2025년 6월 10일 초판 2쇄